中 等 职 业 学 校 机 电 类 规 划 教 材
ZHONGDENG ZHIYE XUEXIAO JIDIANLEI GUIHUA JIAOCAI

专业基础课程与实训课程系列

电子技能实训
——中级篇
（第2版）

陈国培　主编

周兴林　主审

BASIC & TRAINING

人民邮电出版社

北京

图书在版编目（CIP）数据

电子技能实训. 中级篇 / 陈国培主编. -- 2版. --
北京：人民邮电出版社，2010.4（2023.8重印）
中等职业学校机电类规划教材. 专业基础课程与实训
课程系列
　ISBN 978-7-115-22396-8

　Ⅰ. ①电… Ⅱ. ①陈… Ⅲ. ①电子技术－专业学校－
教材 Ⅳ. ①TN

中国版本图书馆CIP数据核字（2010）第038414号

内 容 提 要

本书是根据中等职业教育的培养目标，结合《中华人民共和国职业技能鉴定规范——无线电装接工》（初、中级）职业技能规范编写的实训教程和技能训练用书。

本书共分 6 个项目，包括电子元器件的识读、选用及检测，电子产品装配工艺基础知识，焊接技术，安装与连接工艺，整机安装技术和装配实例。各项目附有相关技能训练、思考与练习题和技能评价。本书所述内容按电子产品装接工应掌握的主要技术能力进行分类，重点介绍电子装接工艺基本知识和技能及新工艺、新技术；注重实现职业实践中适用的技术要求，深入浅出，通俗易懂，操作性强。

本书可作为中等职业学校电子类各专业的电子实训教材，也可作为无线电装接工职业技能鉴定的培训教材和自学用书。

◆ 主　编　陈国培
　责任编辑　李海涛

◆ 人民邮电出版社出版发行　　北京市丰台区成寿寺路 11 号
　邮编　100164　电子邮件　315@ptpress.com.cn
　网址　http://www.ptpress.com.cn
　北京七彩京通数码快印有限公司印刷

◆ 开本：787×1092　1/16
　印张：11.75　　　　　　2010 年 4 月第 2 版
　字数：293 千字　　　　 2023 年 8 月北京第 10 次印刷

定价：21.00 元
读者服务热线：(010)81055256　印装质量热线：(010)81055316
反盗版热线：(010)81055315

中等职业学校机电类规划教材

专业基础课程与实训课程系列教材编委会

第 2 版前言

本书自 2006 年出版以来，被许多学校选用并受到了广大学校师生欢迎。鉴于近几年来，国内职业教育形势发生了变化，教材中的部分内容需要调整和更新，为此对该教材进行了修订，以适应新的职业教育改革方向，使教材更加突出"做中学、做中教"的教育特色，紧密联系生产劳动实际和社会实践，积极探索教、学、做一体的教学模式，与"无线电装接工"职业资格考核要求相结合，推进"双证书"制度。

本书在编写内容和体例结构上具有如下特点。

1. 教材内容更加直观。本教材广泛使用图表归纳法，用简洁的图表归纳整理，以解决庞大的知识内容与学时偏少之间的矛盾。直观清晰、便于自学，文字表达简洁易懂。

2. 体现理论对实践技能的指导。教材坚持"做中学、做中教"，突出职业教育特色，强化学生的实践能力和职业技能培养，培养学生掌握必要的专业知识和比较熟练的职业技能，提高学生就业创业能力和适应职业变化的能力。

3. 知识点和技能点丰富。在设计任务上既符合学生的特点，有趣味性，又贴近实际生产的需要，知识为技能服务。注意职业实际要求和生产过程，做到系列化、职业化，逐步掌握专业技能和相关专业知识。

4. 教材结构项目——任务化，重点突出，主题鲜明。课程结构以其良好的弹性和便于综合的特点适应了职业教育市场化的多种需求。

5. 可操作性强。通过操作指导、技能训练与评价、思考与讨论等环节的安排，使每个任务实施的操作性更强。通过配套的技能训练项目来加强对学生的技能培养，同时教师也可根据实际教学情况选择不同的任务进行教学。

上海电子信息职业技术学院谭克清老师审阅了全书，并对本书的修订提出了很多宝贵的意见和建议，在此表示诚挚的感谢。同时也感谢使用过第 1 版教材的学校和读者，他们为本书的修订提供了有益的帮助。

编者
2010 年元月

丛书前言

我国加入 WTO 以后，国内机械加工行业和电子技术行业得到快速发展。国内机电技术的革新和产业结构的调整成为一种发展趋势。因此，近年来企业对机电人才的需求量逐年上升，对技术工人的专业知识和操作技能也提出了更高的要求。相应地，为满足机电行业对人才的需求，中等职业学校机电类专业的招生规模在不断扩大，教学内容和教学方法也在不断调整。

为了适应机电行业快速发展和中等职业学校机电专业教学改革对教材的需要，我们在全国机电行业和职业教育发展较好的地区进行了广泛调研；以培养技能型人才为出发点，以各地中职教育教研成果为参考，以中职教学需求和教学一线的骨干教师对教材建设的要求为标准，经过充分研讨与精心规划，对《中等职业学校机电类规划教材》进行了改版，改版后的教材包括 6 个系列，分别为《专业基础课程与实训课程系列》、《数控技术应用专业系列》、《模具制造技术专业系列》、《计算机辅助设计与制造系列》、《电子技术应用专业系列》和《机电技术应用专业系列》。

本套教材力求体现国家倡导的"以就业为导向，以能力为本位"的精神，结合职业技能鉴定和中等职业学校双证书的需求，精简整合理论课程，注重实训教学，强化上岗前培训；教材内容统筹规划，合理安排知识点、技能点，避免重复；教学形式生动活泼，以符合中等职业学校学生的认知规律。

本套教材广泛参考了各地中等职业学校的教学计划，面向优秀教师征集编写大纲，并在国内机电行业较发达的地区邀请专家对大纲进行了多次评议及反复论证，尽可能使教材的知识结构和编写方式符合当前中等职业学校机电专业教学的要求。

在作者的选择上，充分考虑了教学和就业的实际需要，邀请活跃在各重点学校教学一线的"双师型"专业骨干教师作为主编。他们具有深厚的教学功底，同时具有实际生产操作的丰富经验，能够准确把握中等职业学校机电专业人才培养的客观需求；他们具有丰富的教材编写经验，能够将中职教学的规律和学生理解知识、掌握技能的特点充分体现在教材中。

为了方便教学，我们免费为选用本套教材的老师提供教学辅助光盘，光盘的内容为教材的习题答案、模拟试卷和电子教案（电子教案为教学提纲与书中重要的图表，以及不便在书中描述的技能要领与实训效果）等教学相关资料，部分教材还配有便于学生理解和操作演练的多媒体课件，以求尽量为教学中的各个环节提供便利。

我们衷心希望本套教材的出版能促进目前中等职业学校的教学工作，并希望能得到职业教育专家和广大师生的批评与指正，以期通过逐步调整、完善和补充，使之更符合中职教学实际。

欢迎广大读者来电来函。

电子函件地址：lihaitao@ptpress.com.cn, liushengping@ptpress.com.cn

读者服务热线：010-67143761, 67132792, 67184065

编者的话

本教材的教学目标是使学生掌握中级无线电装接工艺知识和操作技能，完成较复杂产品的全部装接，经职业资格鉴定，获得中级（4级）技术等级。

本书以电子产品为主线，注重实现职业实践中适用的工艺要求，贴近职业实践，按工艺文件阐述产品的生产过程。它既是基本技能和工艺知识的入门向导，又是创新实践的开始和创新精神的启蒙，能使学生较快掌握电子装接工艺的基本知识和实践技能。本书在编写内容和安排上有以下特点。

1. 结合国家颁发的无线电装接工鉴定规范，以装接工的技能训练为主，强调职业内容适应职业需求的针对性。

2. 在教材编写结构上，每个项目形成相对独立模块，具有一定的独立性和灵活性。在涉及入门知识的内容上，以生活或职业实践中常见的现象或事例为引导。形式上采用多样化，利用文字和插图相互配合，综合应用表格、图片、实例来表达重要内容，以调动学生的学习兴趣和积极性。

3. 在各类技能训练内容安排上，可操作性强。以提高技能为目的，以"实用"、"够用"为度，以层次化、规范化、职业化为特点，逐步形成电子装接专业技能。

4. 在介绍传统工艺的基础上，引入新元件、新技术、新工艺，拓宽学生的知识视野。

本书由陈国培担任主编，负责全书的组织和统稿。本书由周兴林担任主审。

本书在编写过程中，得到上海市教委教学研究室电子类中心组组长周兴林高级讲师、上海市职业技能鉴定中心领导崔立强高级工程师等给予的大力支持和帮助，并提出许多建设性的意见。上海电子工业学校谭克清、陈德珍、张晓红给予了许多具体的帮助，编者在此表示衷心的感谢。编者也真诚感谢那些先前编写过电子实训教材的其他编者。

由于编者水平有限，时间仓促，加之电子装配工艺实践性强，涉及面广，书中肯定有不足之处和错误，恳请读者提出宝贵意见，以便修改。

编者

2006 年 2 月

目 录

电子元器件识读、选用及检测

打开现代电子产品，从迈进千家万户的家用电器到遨游太空的宇宙飞船，从到处可见的手机、电子表到亿万次巨型计算机，无一不是由形形色色的电子元器件组成的。不同的元器件组合，构成了不同的电子产品，不了解元器件的适用范围及元器件的性能优劣，就无法保证电子产品的性能质量。为此，本项目的主要任务是了解各种元器件对不同电子产品的适用能力，即如何选用元器件；了解元器件的质量性能，从而掌握元器件的质量检测技能。

知识目标

- 了解元器件选用的基本要求。
- 了解晶体管特性图示仪面板结构。
- 了解集成电路的封装形式和引脚判别方法。
- 熟悉常用传感元件的种类、工作方式及用途。
- 连接开关、接插件的种类及用途。
- 了解电子元器件的检验和筛选基本知识。
- 了解贴片元器件的基本知识。

技能目标

- 会用万用表估测常用电子元器件的性能优劣。
- 能用晶体管特性图示仪测量晶体管的 β、$U_{(BR)CEO}$ 值。
- 能用万用表检测机电元件。
- 掌握用指针式万用表对电声器件、陶瓷器件的简要检测方法。
- 会识读常用贴片元器件。
- 会使用晶体管特性图示仪。

任务一 常用半导体器件检测与选用

常用半导体器件、特殊半导体器件各包括哪些内容，它们的用途，怎样选用，其性能质量如何检测等，以及怎样用晶体管特性图示仪测量共发射极直流放大倍数 $\overline{\beta}$、共发射极交流放大倍数 β 及集电极 – 发射极击穿电压 $U_{(BR)CEO}$ 等。这是本任务所要了解和学习的主要内容。

」基础知识∟

半导体器件包括二极管、三极管、集成电路及其他类型的半导体器件，因其具有功能多、体积小、重量轻、使用方便、价格低廉等优点而被广泛应用于电子产品之中。

知识链接 1 **二极管**

1. 常用二极管

二极管按其结构大致可分为 3 种。

① 点接触型二极管。这种二极管只能允许很小的电流通过，适合于在高频条件下工作，因而它一般用于检波、高频开关电路中，结构如图 1.1.1（a）所示。

② 面接触型二极管。它可以通过较大的电流，适用于在低频条件下，工作电压、工作电流、功率均较大的场合，一般在低频电路中作整流之用，结构如图 1.1.1（b）所示。

③ 平面型二极管。平面型二极管的表面被制成平面，结构如图 1.1.1（c）所示。其优点是性能稳定、寿命长，一般用于脉冲及高频电路中。

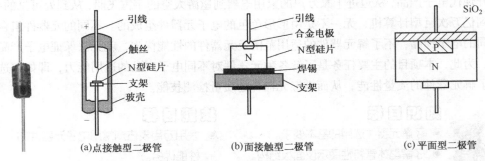

图 1.1.1　3 种二极管的内部结构

二极管从 PN 结的材料上来分，有硅二极管、锗二极管和砷化镓二极管；从封装材料上来分，有玻璃管壳封装、金属管壳封装、塑料管壳封装、环氧树脂管壳封装等多种；从用途上来分，有检波二极管、稳压二极管、发光二极管、变容二极管、光电二极管、双向触发二极管等。无论构成二极管的材料如何、结构如何、用途如何等，它都具有单向导电性和非线性的特点。

常用二极管的特性如表 1.1.1 所示。

表 1.1.1　　　　　　　　　　　　　常用二极管的特性

名称	图形符号	实物外形示例	原理及特点	用　途
整流二极管（VD）			利用 PN 结的单向导电性 型号有 2CP 型；2CZ 型；2DZ 型和 1N400 系列	把交流电转化为脉动直流电，即整流
整流桥			将桥式整流电路的 4 个二极管用绝缘瓷、环氧树脂和外壳封装成一体，成为一个器件就称为整流桥堆。它有 4 个接线端，"～"标识表示接变压器的二次侧，"＋"、"－"标识表示接负载	整流桥堆具有体积小、可靠性高、使用方便等特点。广泛应用在各种电子电路或电气设备中，作为工频整流、高频整流、高压整流等
检波二极管（VD）			常用点接触型，高频特性好 型号有 2AP9 型、1N60、OA91 型等	把调制在高频电磁波上的低频信号检出来
稳压二极管（VD$_Z$）			利用二极管在反向击穿时，两端电压基本不变原理 型号有 2CW 型、2DW 型、1N 系列等	稳压限幅，过载保护，开关元件，广泛用于稳压电源中
开关二极管（VD）			利用正偏时二极管电阻很小，反偏时电阻很大的单向导电性 型号有 2AK 型、2CK 型、1N 系列	在电路中对电流进行控制，起到"接通"或"关断"的开关作用。广泛应用于自动控制设备、电子测量仪器仪表中

续表

名称	图形符号	实物外形示例	原理及特点	用　　途
变容二极管（VD）			利用 PN 结电容随加到二极管两端的反向电压大小而变化的特性 型号有 2CC 型、1N 系列等	用于电视机、收录机、录像机等的调谐电路，自动频率微调电路中，在调频系统中实现调频
发光二极管（VL）			正向导通时由电能转换为光能。根据制造材料的不同，通常发光二极管的管压降为 1.7～3.5V 型号有 2EF 型系列等	用于指示电路，可组成数字或符号的 LED 数码管
光电二极管（VL）			能将接收到的光信号转换成电信号输出的晶体二极管，工作于反向电压。无光照时反向电阻很大（大于几十兆欧姆）有光照时，反向电阻很小（几欧姆至几十千欧姆） 型号有 2CU 系列等	广泛应用于制造各种光敏传感器、光电控制器，用于光控系统中
双向触发二极管（VS）			当双向触发二极管两端施加的电压超过其击穿电压时，两端将持续到电流中断或降到器件的最小保持电流后才会再次关断	通常用于过压保护、晶闸管触发电路、定时电路中

2. 二极管的主要参数

二极管的主要参数用来表示二极管的性能差异和适用范围的技术指标。不同用途、不同功能的二极管其参数也不同。

（1）整流二极管的主要参数

● 最大整流电流 I_F。它是指二极管长期连续工作时，所允许通过电流的最大值。它是选择整流二极管的条件之一。超过这一数值，二极管将过热而损坏。

● 最高反向工作电压 U_{RM}。它是指二极管正常工作时，所能允许的最大的反向工作电压值。实际选用二极管时，应留有一定的余量。

● 最高工作频率 f_M。保持它良好工作特性的最高频率，称为二极管的最高工作频率。

（2）稳压二极管的主要参数

● 稳定电压 U_Z。它是指稳压二极管进入稳压状态时二极管两端的电压大小。由于生产过程中的离散性，手册中给出的稳定电压值不是一个确定值，而是一个范围。例如，1N4733A 稳压二极管的典型值为 5.1V，最小值为 4.85V，最大值为 5.36V。

● 最大稳定电流 I_Z。它是指稳压二极管长时间工作时，所允许流过的最大稳定电流值。

● 最大允许耗散功率 P_{ZM}。它是指稳压二极管被击穿后稳压二极管击穿本身所允许消耗功率的最大值。在实际应用中，稳压二极管如果超过这一值将被烧坏。

● 动态电阻 R_Z。动态电阻越小，稳压性能就越好，R_Z 一般为几欧姆至几百欧姆。

知识链接 2　整流桥堆的识别

将桥式整流电路的 4 个二极管用绝缘瓷、环氧树脂和外壳封装成一体，成为一个器件就称为整流桥堆。

整流桥堆的作用是把交流电压变为脉动直流电压。整流桥堆具有体积小、可靠性高、使用方便等特点。单相全桥整流堆外形如图 1.1.2（a）所示，内部电气原理图如图 1.1.2（b）所示，它有4 个接线端，A～、B～为交流电压输入端子，接变压器的二次侧，C+为直流电压输出正端，D–为直流电压输出负端，接负载。整流桥堆广泛应用在各种电子电路或电气设备中，作为工频整流、高频整流、高压整流等。

(a) 单相全桥整流桥堆外形　　　　　　　(b) 全桥整流桥堆内部电气原理图

图 1.1.2　全桥整流桥

知识链接 3　三极管

三极管（以下统称晶体管）的种类很多，按材料可分为锗晶体管、硅晶体管、化合物材料晶体管等；按器件性能可分为低频小功率晶体管、低频大功率晶体管、高频小功率晶体管、高频大功率晶体管等；按 PN 结类型可分为 PNP 型、NPN 型；按功能和用途可分为放大管、开关管、达林顿管等；按封装形式不同可分为金属封装晶体管、玻璃封装晶体管、陶瓷封装晶体管、塑料封装晶体管等。三极管在电路中常用字母"V"、"VT"表示。常见晶体管器件的封装如图 1.1.3 所示。

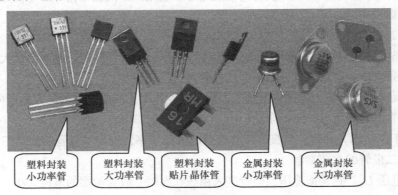

图 1.1.3　常见晶体管器件的封装

1. 晶体管的主要参数

晶体管的主要参数有很多，可分为直流参数、交流参数和极限参数 3 大类。晶体管的参数是使用和选用晶体管的重要依据，了解晶体管的参数可以避免因使用或选用不当而引起不必要的损坏。

（1）直流参数

● 共发射极直流电流放大倍数 $\overline{\beta}$。它是指在共发射极电路中，没有交流输入时，集电极电流 I_C 与基极电流 I_B 的比值，即 $\overline{\beta} = I_C/I_B$。常用 $\overline{\beta}$ 来表示晶体管的放大能力。

（2）交流参数

● 共发射极交流放大倍数 β。它是指共发射极电路中，在交流状态下，集电极电流的变化量

ΔI_C 与基极电流的变化量 ΔI_B 之比，即 $\beta=\Delta I_C/\Delta I_B$。

● 特征频率 f_T。它是指晶体管工作频率高到一定程度时，电流放大倍数 β 要下降；当 β 下降到 1 时的工作频率称为晶体管的特征频率。

（3）极限参数

● 集电极最大允许电流 I_{CM}。集电极电流 I_C 超过一定数值后，电流放大系数 β 显著下降。当 β 值下降到正常值的三分之二时的集电极电流，称为集电极最大允许电流 I_{CM}。

● 集电极最大允许耗散功率 P_{CM}。它是指晶体管因受热而引起的参数变化不超过规定允许值时，集电极所耗散的最大功率。

● 集电极 – 发射极击穿电压 $U_{(BR)CEO}$。它是晶体管的反向击穿电压，又称晶体管的耐压，是指晶体管基极开路时（$I_B=0$），能加在集 – 射极之间的最大允许电压。

2. 晶体管的选用

根据不同的用途，选用不同参数的晶体管。对应用电路综合考虑的参数有特征频率、耗散功率、最大反向击穿电压、最大集电极电流、电流放大倍数等。

① 根据应用电路的需要选择晶体管时，应使晶体管的特征频率高于工作频率的 3～10 倍；若特征频率太高，将会引起高频振荡，影响电路的稳定性。

② 放大倍数选择应适中，若选择得太小，电路的放大能力也小；若选择得太大，则电路的动态电流也大，使晶体管的管壳发热，造成电路的稳定性变差，噪声增大。

③ 集电极耗散功率应根据不同应用电路进行选择，通常选择实际耗散功率的两倍左右即可。功率太小，会因过热而烧毁晶体管；功率太大，则造成浪费。

④ 晶体管的耐压选择应在电源电压的两倍以上。

知识链接 4 **场效应管与晶闸管的识别**

场效应管与晶闸管的实物外形如图 1.1.4 所示。

场效应管　　　　　晶闸管

图 1.1.4 场效应管与晶闸管

1. 场效应晶体管

场效应，是指半导体材料的导电能力随电场变化而变化的现象。场效应管在电路中常用字母"V"、"VT"表示。

场效应晶体管可分为两类，一类是结型场效应晶体管，另一类是绝缘栅型场效应晶体管。场效应晶体管因其输入阻抗高、噪声低、热稳定性好、抗发射能力强等优点，被广泛应用于各种放大电路、数字电路中。

（1）结型场效应晶体管

结型场效应晶体管的结构和电路图形符号如图 1.1.5 所示，它是在一块 N（或 P）型硅半导体的两侧用扩散方法制成的两个 PN 结。N（或 P）型半导体的两个电极分别叫漏极 D 和源极 S，两个 P（或两个 N）区引出的电极叫栅极 G。结型场效应晶体管可分为 N 沟道型和 P 沟道型两种。国产型号有 3DJ6D、3CJ6D 等。

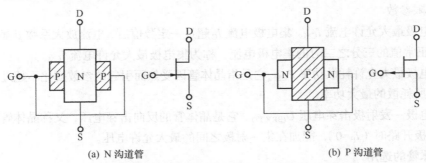

(a) N 沟道管　　　　　　　　　　　　(b) P 沟道管

图 1.1.5　结型场效应晶体管的结构和电路图形符号

（2）绝缘栅型场效应晶体管

绝缘栅型场效应管的栅极、源极与漏极之间均采用 SiO₂ 绝缘隔离。因栅极采用金属铝，故又称为 MOS 管，它的栅—源之间电阻由于是完全绝缘的，可达 $10^{15}\Omega$ 以上。它比结型场效应管具有更好的温度稳定性，同时集成化时工艺简单，因而广泛应用于大规模和超大规模集成电路中。国产型号有 3DO6C 型、3CO6C 型等。

绝缘栅型场效应管按其工作状态可分为增强型和耗尽型两类，每一类又有 N 沟道型和 P 沟道型之分。图 1.1.6 所示为 N 沟道增强型和 N 沟道耗尽型绝缘栅型场效应晶体管结构与电路图形符号，P 沟道增强型和 P 沟道耗尽型绝缘栅型场效应晶体管的电路图形符号如图 1.1.7 所示。

选用场效应晶体管时，应根据实际应用电路的使用场合、工作特点来选取场效应晶体管的类型，且实际应用电路的电流、电压不能超过所选晶体管的极限参数，并应留有余量。

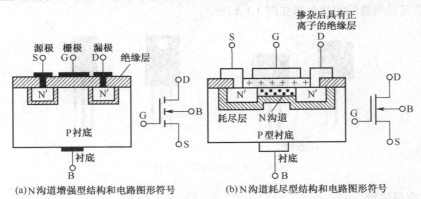

(a)N 沟道增强型结构和电路图形符号　　　(b)N 沟道耗尽型结构和电路图形符号

图 1.1.6　N 沟道绝缘栅型场效应晶体管的结构和电路图形符号

2. 晶闸管

晶体闸流管，简称晶闸管。它能在高电压、大电流条件下工作，像闸门一样能够控制大电流的流通，是一种"以小控大"的功率（电流）器件。晶闸管具有耐压高、容量大、体积小等特点，是大功率开关型半导体器件，被广泛应用于可控整流、变频、逆变、无触点开关等多种线路中。常见的晶闸管有单向晶闸管、双向晶闸管、可关断晶闸管、快速晶闸管、光敏晶闸管等多种类型。目前应用最广泛的是单向晶闸管和双向晶闸管。

（1）单向晶闸管

单向晶闸管的外形与电路图形符号如图 1.1.8（a）所示。它是一种 PNPN 4 层半导体器件，共有 3 个电极，分别为阳极 A、阴极 K 和控制极 G。控制极 G 从 P 型硅层上引出，供触发用。晶闸管具有一旦被触发后导通，触发信号停止工作后，晶闸管仍将维持导通状态的特点。常见单向晶闸管的型号有 3CT、MCR、ZN 系列等。

（2）双向晶闸管

双向晶闸管的外形与电路图形符号如图 1.1.8（b）所示。它相当于两个单向晶闸管的反向并联。它的管芯为 NPNPN 5 层结构的半导体器件，有 3 个电极，分别为第一阳极 T1、第二阳极 T2 和控制极 G。双向晶闸管的第一阳极 T1、第二阳极 T2 无论正向电压或反向电压，都能触发导通。因此，无论控制极 G 触发信号是正还是负，都能触发双向晶闸管，使其导通。常见双向晶闸管的型号有 3CTS、MAR、ZN 系列等。

（a）P沟道增强型
电路图形符号

（b）P沟道耗尽型
电路图形符号

图 1.1.7 P 沟道绝缘栅型场效应
晶体管的电路图形符号

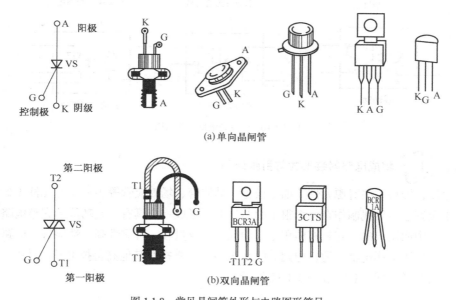

（a）单向晶闸管

（b）双向晶闸管

图 1.1.8 常见晶闸管外形与电路图形符号

晶闸管的种类较多，但无论单向晶闸管还是双向晶闸管，一般情况下其额定电压的选取应是实际工作电压峰值的 2～3 倍，选取额定电流为实际最大工作电流的 1.5～2 倍时，都能满足要求。

┘ 选用注意 └

由于单向晶闸管与双向晶闸管的外形相似，选用时应特别注意。

知识链接 5 光电耦合器

光电耦合器也称电隔离器或光耦合器，简称光耦，其外形如图 1.1.9 所示，具有抗干扰能力强、使用寿命长、输出效率高等优点。可广泛用于电气隔离、电平转换、级间耦合、开关电路、脉冲放大、固态继电器、仪器仪表和微型计算机接口等电路中。

　　光电耦合器是由一只发光二极管和一只受光控的光敏晶体管（常见为光敏三极管）组成的。光电耦合器的发光二极管和一只受光控的光敏晶体管封装在同一管壳内。当输入端加正向电压时，发光二极管有电流通过发出光线，光敏晶体管受光照后导通产生光电流，由输出端引出，从而实现

图 1.1.9　光电耦合器外形

了"电—光—电"的转换。当发光二极管不加正向电压或所加正向电压很小时，发光二极管中无电流或通过的电流很小，发光强度减弱，光敏三极管的内阻增大而截止。

　　光电耦合器种类很多，主要结构形式如图 1.1.10 所示。

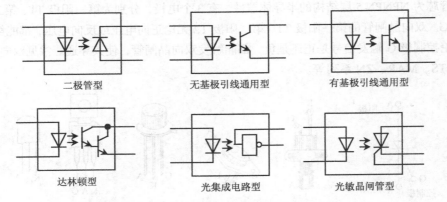

二极管型　　　　　无基极引线通用型　　　　有基极引线通用型

达林顿型　　　　　光集成电路型　　　　　光敏晶闸管型

图 1.1.10　常见光电耦合器结构

知识链接 6　集成电路封装形式与引脚识别

　　集成电路，即将一些有源元件（如二极管、晶体管、场效应管等）和无源元件（如电阻器、电容器等）及其连接导线制作在一个很小的芯片上，形成一个具有一定功能的完整电路，并封装在特制的外壳中而制成的。它具有体积小、功耗小、重量轻、可靠性高、性能好、电路稳定等优点，被广泛应用于家用电器、通信电路、控制电路、计算机及其他高科技电子产品中。

　　集成电路分类如图 1.1.11 和图 1.1.12 所示。

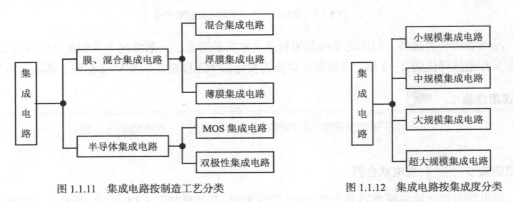

图 1.1.11　集成电路按制造工艺分类　　　　图 1.1.12　集成电路按集成度分类

1. 封装形式

封装是指安装半导体集成电路芯片所用的外壳。它不仅起着安装、固定、密封、保护芯片、

增强散热性能等方面的作用，而且还通过芯片上的接点用导线连接到封装外壳的引脚上，这些引脚又通过印制电路板上的导线与其他器件连接，从而实现内部芯片与外部电路的连接。

集成电路的封装，按封装材料的不同可分为如下 4 种。

（1）塑料封装

它是目前最为常见的一种封装形式，其特点是生产工艺简单、成本低廉。其外形有扁平型和直插型两类。

（2）金属封装

用于制作高精度和大功率集成电路，特点是散热性好、可靠性高，但成本较高。

（3）陶瓷封装

用于 TTL、CMOS 等集成电路的封装，其外形有扁平型、双列直插型等。

（4）黑胶封装

黑胶封装，即软封装，它直接将芯片封在 PCB 板上，多用于音乐集成电路封装及数字万用表中的集成电路封装。黑胶封装如图 1.1.13 所示，集成电路封装举例如图 1.1.14 所示。

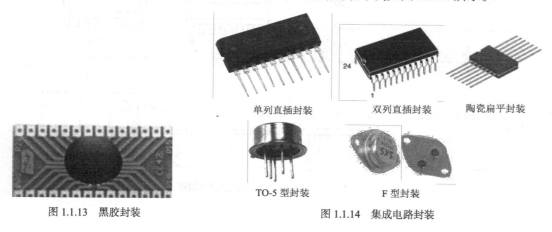

单列直插封装　　　双列直插封装　　　陶瓷扁平封装

TO-5 型封装　　　　F 型封装

图 1.1.13　黑胶封装　　　　图 1.1.14　集成电路封装

 ⌐ 选用注意 ⌐

集成电路的封装形式和规格很多，即使同一型号的集成电路一般也有不同形式的封装。因此，在选用集成电路前一定要查清其封装。

2. 引脚识别

识别集成电路的引脚，对正确使用集成电路是十分重要的。否则，可能会造成电路工作不正常，甚至损坏集成电路。

（1）双列直插式集成电路引脚的识别

双列直插式又称 DIP 封装，其引脚分成两列，两列引脚数相等，一般为 8、14、16、20、24、28、32、40 等，定位标记有色点、半圆缺口、凹坑等。识别时，将集成电路水平放置，引脚向下，识别标记对着自己身体的一边，从有识别标记一边的左下第 1 个引脚开始按逆时针方向旋转，依次为 1，2，3，…，n 脚。

双列直插式集成电路引脚的识别如图 1.1.15 所示。

（2）单列直插式集成电路引脚的识别

该种集成电路的定位标记有缺角、小孔、色点、凹坑、线条、色带等。识别时，让引脚朝下，让定位标记对着自己，从定位标记一侧的第 1 只引脚数起，依次为 1，2，3，…，n 脚，引脚的识别如图 1.1.16 所示。

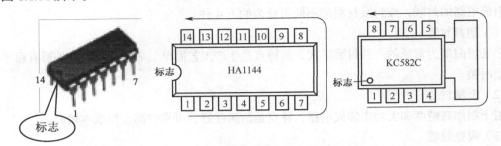

图 1.1.15　双列直插式集成电路引脚的识别

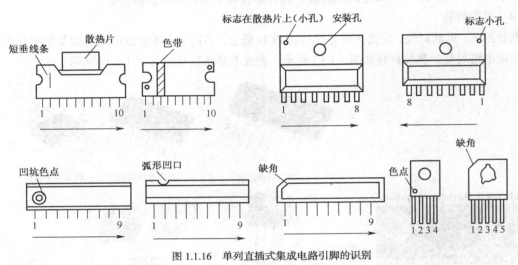

图 1.1.16　单列直插式集成电路引脚的识别

（3）贴片封装

目前规模化生产使用的集成电路大多采用贴片封装形式，如图 1.1.17 所示。

图 1.1.17　各种贴片封装形式

（4）芯片载体封装

为适应 SMT 高密度的需要，集成电路的引线由两侧发展到四侧，这种在封装主体 4 侧都有引线的形式称为芯片载体，通常有塑料封装及陶瓷封装两大类。

图 1.1.18 所示为塑料有引线封装，简称 PLCC 封装。它的引线形状呈 J 型，引线间距为 1.27mm，引线数为 18～84 条。

（5）球栅阵列封装

球栅阵列封装简称 BGA 封装，其集成电路的引线从封装主体的 4 侧扩展到整个平面，如图 1.1.19 所示。它有效地解决了扁平封装（QFP）的引线间距缩小到极限的问题，被称为新型的封装技术。

图 1.1.18　PLCC 封装形式

图 1.1.19　BGA 封装形式

集成电路的种类、型号在不断地增多，其引脚的排列和形状也在不断地改进，但其引脚的识别方法与上述方法基本相同。

 知识链接7　数字式万用表简介

数字式万用表以其测量精度高、显示直观、速度快、功能全、可靠性高，以及便于操作携带等特点，已成为电子、电工测量以及电子设备维修的必备仪表。下面以 DT-9205A 型数字万用表为例进行介绍，其面板结构如图 1.1.20 所示。

1. DT-9205A 型数字万用表使用注意事项

① 仪表的使用或存放应避免高温（>40℃）、寒冷（<0℃）、阳光直射、高湿度及强烈振动环境。

② 测量时，若万用表显示溢出符号"1"，说明已发生过载，需更换高一级的量程。

③ 测量电压时，不论直流还是交流，都要选择合适的量程。当无法估计被测电压的大小时，应先选择最高量程进行测量，然后再根据情况选择合适的量程。

④ 测量高电压时，不论直流还是交流，都要严禁拨动量程开关，否则将会产生电火花，使万用表损坏。

⑤ 测量交流电压时，只能测量低频（40～400Hz）正弦波信号。

⑥ 测量直流电压时，最好把万用表的红表笔接被测电压的正极，

图 1.1.20　万用表面板结构图

黑表笔接被测电压的负极，这样可以减少测量误差。

⑦ 测量电流时，当被测电流大于 0.2A 时，应将红表笔接 20A 插孔。测量大电流时，测量时间应尽可能短，一般不超过 15s 为宜。当被测电流小于 0.2A 时，红表笔应接"A"插孔，以保证测量精度。

⑧ 测量电解电容器时，测量前必须先将电解电容器作放电处理后再行测量，以免损坏万用表。

⑨ 测量晶体管 h_{FE} 值时，由于测试条件基极电流为 10μA，V_{CE} 约 3V，因此只能是一个近似值。

⑩ 在使用各电阻挡、二极管挡时，红表笔接 V/Ω 插孔（带正电），黑表笔接 COM 插孔。这与指针式万用表在各电阻挡上表笔的带电极性恰好相反，使用时应特别注意。

⑪ 测量完毕，应立即关闭电源（OFF）。若长期不用，则应取出电池，以免电池漏液损坏万用表。

2. DT-9205A 型数字万用表的面板

① 开关按钮 ON、OFF：用于开机和关机。

② LCD 显示屏：用于显示被测量与标志符，最大显示 1999 或-1999，有自动调零及极性自动显示功能。

③ Ω 电阻挡：将量程开关置于电阻挡的不同挡位时，便可测量相应挡位的电阻值。

④ 二极管及蜂鸣器挡：将量程开关置于二极管及蜂鸣器挡位时，可以测量二极管的正向电压 V_F（电压单位为 mV）或作通断路检测。

⑤ A～交流电流挡：用于测量交流电流。

⑥ A－直流电流挡：用于测量直流电流。

⑦ F 电容挡：用于测量电容器。测量时，要根据被测电容器容量的大小，将量程开关置于相应的量程，将电容器的两引线插入"CX"插孔中。

⑧ h_{FE} 插座：用于测量 NPN、PNP 晶体管的直流放大倍数（系数）。测量时将量程开关置于 h_{FE} 挡位，并且将晶体管的各极插入相应的孔座中。

⑨ V～交流电压挡：用于测量交流电压。

⑩ V－直流电压挡：用于测量直流电压。

⑪ HOND 按钮：保持测量值按钮。按下此按钮即可将测量值保持，释放此按钮又即刻进入测量状态。

⑫ VΩ 插孔：测量电压、电阻时，将红表笔插入此插孔，同时将黑表笔插入 COM 插孔。

⑬ COM 插孔：用于插入黑表笔。

⑭ A 插孔：测量 0.2A 以下电流时，将红表笔插入此插孔，同时将黑表笔插入 COM 插孔。

⑮ 20A 插孔：测量 0.2A 以上 20A 以下电流时，将红表笔插入此插孔，同时将黑表笔插入 COM 插孔。

知识链接 8 **晶体管特性图示仪的基本使用方法**

晶体管特性图示仪是用来测量半导体器件的专门仪器，能在显示器上直接显示各种晶体管特性曲线，如测试晶体三极管的输入、输出特性以及各种反向饱和电流和击穿电压，并据此测算出被测晶体管的各项指标。可以测量场效应管、稳压管、二极管、晶闸管、单极晶体管、光电耦合器和集成电路的多项特性及参数。它具有直观、读测方便、操作简单等优点。

晶体管特性图示仪有 JT 型、QT 型、XJ4810 型等多种型号。这里以 XJ4810 型晶体管特性图示仪为例，介绍晶体管特性图示仪的基本使用方法。

1. 面板结构

XJ4810 型晶体管特性图示仪的面板结构，如图 1.1.21 所示。

① 电源开关及辉度调节：旋钮拉出，接通仪器电源，旋转旋钮可以改变示波管光点亮度。

② 电源指示灯：接通电源时灯亮。

③ 聚焦：调节旋钮使光点最清晰。

④ 辅助聚焦：与聚焦旋钮配合使用。

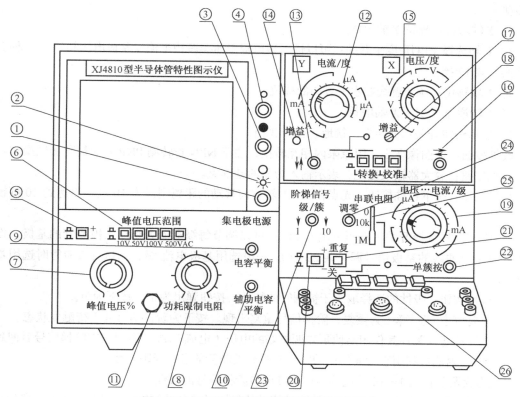

图 1.1.21　XJ4810 型晶体管特性图示仪的面板结构

⑤ 极性选择：极性选择开关可以转换正负集电极电压极性，在测试 NPN 型与 PNP 型半导体管时可按面板指示的极性选择。按钮弹出为正，按入为负。

⑥ 峰值电压范围：选择集电极电压，分为 0～10V/5A、0～50V/1A、0～100V/0.5A、0～500V/0.1A 4 挡。当由低挡改换高挡观察晶体管的特性时，须将峰值电压先调到 0 值，换挡后再按需要逐渐增加电压，否则易击穿被测晶体管。

⑦ 峰值电压%：峰值控制旋钮可以在 0～10V、0～50V、0～100V、0～500V 连续可变，面板上标称值是作近似值使用，精确的读数应由 X 轴偏转灵敏度读测。测试完毕后应将旋钮置 0%。

⑧ 功耗限制电阻：它串联在被测晶体管的集电极电路中，限制超过功耗，亦可作为被测晶体管的集电极负载电阻。

⑨ 电容平衡：由于集电极电流输出端对地存在各种杂散电容，都将形成电容性电流，因而在电流取样电阻上产生电压降，造成测量误差。为了尽量减少电容性电流，测试前应调节电容平衡，使容性电流减至最小。

⑩ 辅助电容平衡：再次进行电容平衡调节。

⑪ 电源保险熔丝：当集电极输出过载或短路时，起保护作用。

⑫ Y 轴选择（电流/度）开关：具有 22 挡 4 种偏转作用的开关。可以进行集电极电流、基极电压、基极电流和外接的不同转换。

⑬ 垂直位移及电流/度倍率开关：调节迹线在垂直方向的移位。旋钮拉出，放大器增益扩大 10 倍，电流/度各挡 I_C 标值×0.1，同时指示灯亮。Y 移位开关：被测信号或集电极扫描线在 Y 轴方

向移动。

⑭ Y 轴增益：校正 Y 轴增益。

⑮ X 轴选择（电压/度）开关：可以进行集电极电压、基极电流、基极电压和外接 4 种功能的转换，共 17 挡。

⑯ X 轴移位：调节迹线在水平方向的移位。

⑰ X 轴增益：校正 X 轴增益。

⑱ 显示按钮开关：分转换、接地、校准 3 挡。

转换按钮：使图像在 Ⅰ、Ⅲ象限内相互转换，便于 NPN 管转测 PNP 管时简化测试操作。

接地按钮：放大器输入接地，表示输入为零的基准点。

校准按钮：按下校准按钮，光点在 X、Y 轴方向移动的距离刚好为 10 度，以达到 10 度校正目的。

⑲ 阶梯信号选择开关（电压－电流/级）：可以调节每级电流大小注入被测管的基极，作为测试各种特性曲线的基极信号源（共 22 挡）。一般选用基极电流/级，测试场效应管时选用基极电压/级。

⑳ 极性按钮：极性的选择取决于被测管的特性，按钮弹出为正，按下为负。

㉑ 重复/关按钮：弹出为重复，阶梯信号重复出现。按下为阶梯信号处于待触发状态。

㉒ 单簇按钮开关：其作用是使预先调整好的电压（电流）/级，出现一次阶梯信号后回到等待触发位置，因此可利用它瞬间作用的特性来观察被测管的各种极限特性。

㉓ 级/簇调节：在 1～10 的范围内可连续调节阶梯信号的级数。

㉔ 调零调节：测试前，应首先调整阶梯信号的起始级零电平的位置。当荧光屏上观察到基极阶梯信号后，按下测试台上选择按钮"零电压"，观察光点停留在荧光屏上的位置，复位后调节零旋钮，使阶梯信号的起始级光点仍在该处，这样阶梯信号的零电位即被准确校正。

㉕ 串联电阻开关：当阶梯信号选择开关置于电压/级的位置时，串联电阻将串联在被测管的输入电路中。

㉖ 测试台：其结构如图 1.1.22 所示。

㉗ 测试选择按钮：可以在测试时任选左右两个被测管的特性，当置于"二簇"时，即通过电子开关自动地交替显示左右二簇特性曲线。使用时"级/簇"应置适当位置，以利于观察。

㉘ 零电压按钮：零电压钮按下时，用于调整阶梯信号的起始级在零电平的位置，见第⑲项。

㉙ 零电流按钮：零电流钮按下时，被测管的基极处于开路状态，即能测量 I_{CEO} 特性。

㉚ 左右晶体管测试插座。

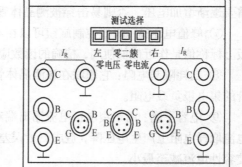

图 1.1.22　XJ4810 型晶体管特性图示仪测试台结构图

㉛ 左右测试插座，插孔插上专用插座（随机附件），可测试 F_1、F_2 型管座的功率晶体管。

2. 使用注意事项

为了保证仪器的合理使用，既不损坏被测晶体管，也不损坏仪器内部线路，在使用仪器前应注意下列事项。

① 对被测管的主要直流参数有一个大概的了解和估计，特别要了解被测管的基极最大允许耗

散功率 P_{CM}、最大允许电流 I_{CM} 和击穿电压 $U_{(BR)CEO}$、$U_{(BR)EBO}$、$U_{(BR)CBO}$。

② 选择好扫描和阶梯信号的极性，以适应不同管型和测试项目的需要。

③ 根据所测参数或被测管允许的集电极电压，选择合适的扫描电压范围。一般情况下，应先将峰值电压调至零；更改扫描电压范围时，也应先将峰值电压调至零。选择一定的功耗电阻，测试反向特性时，功耗电阻要选得大一些，同时将 X、Y 偏转开关置于合适挡位。测试时扫描电压应从零伏逐步调节到需要值。

④ 对被测管进行必要的估算，以选择合适的阶梯电流或阶梯电压，一般宜先得小一点，再根据需要逐步加大。测试时不应超过被测管的集电极最大允许功耗。

⑤ 在进行 I_{CM} 的测试时，一般采用单簇曲线为宜，以免损坏被测管。

⑥ 进行高压测试时，应特别注意安全，电压应从零伏逐步调节到需要值。观察完毕，应及时将峰值电压调到零伏。

操作分析

普通二极管、晶体管和稳压二极管的检测，已在《电子技能实训——初级篇》中讲述，这里不再赘述。

操作分析 1 **发光二极管的检测**

1. 极性判别

方法 1：由管子的引脚长短识别，电极长的引脚为正极，短的引脚为负极。

方法 2：用指针式万用表 R×10k 电阻挡测量，测得电阻小的（约几十千欧姆），其黑表笔接的引脚是正极，红表笔接的引脚是负极，同时可仔细观察到发光二极管发出的微弱光线。

2. 性能的简易检测

方法 1：将指针式万用表置于 R×10k 电阻挡，测量其正向电阻应在几十千欧姆之内，反向电阻应大于几百千欧姆（通常为无穷大）为正常。

方法 2：将发光二极管长引脚（正极）插入 NPN 型 "C 极" 插孔，短引脚（负极）插入 "E 极" 插孔，则发光二极管正常发光。

操作分析 2 **结型场效应晶体管的检测**

1. 极性检测

根据 PN 结的正、反向电阻值不同的现象判别结型场效应管的 G、D、S 电极。

将指针式万用表置于 R×1k 挡，并将黑表笔接场效应管的一个极，红表笔分别接触另外两个极。若两次测得的阻值都很小，则黑表笔接的一个极是栅极 G，且是 N 沟道场效应晶体管；若将红表笔接场效应管的一个极，黑表笔分别接触另两个极，两次测得的阻值都很小，则红表笔接的一个极是栅极 G，且是 P 沟道场效应晶体管。结型场效应晶体管的漏极 D 和源极 S 在结构上是对称的，一般可以互换使用。

2. 性能检测

将指针式万用表置于 R×1k 挡或 R×100 挡，两表笔分别接触 D 极和 S 极，用手捏住 G 极，将人体的感应电压输入，如图 1.1.23 所示。由于场效应晶体管的放大作用，使 D-S 极间的电阻值发生变化，此时万用表指针向右摆动，其摆动幅度越大，放大倍数越大。若万用表指针不摆动，则表明此场效应晶体管已无放大能力，不能使用。

3. 好坏检测

将指针式万用表置于 R×1k 挡，测 N 沟道管时，黑表笔接 G 极，红表笔分别接 S 和 D 极，若测得阻值都很小，再交换两表笔，阻值应很大，说明管子是好的。若交换表笔后阻值很小或接近零，则说明管子已损坏。

图 1.1.23　万用表对结型场效应晶体管放大能力的检测

操作分析3　MOS 场效应管的检测

MOS 管的检测方法如图 1.1.24 所示。由于 MOS 管很"娇嫩"，用万用表检测前，必须在手上系上防静电腕环，并保证接地良好后，方能作检测操作。

(a)对耗尽型MOS管检测　　(b)对增强型MOS管检测

图 1.1.24　MOS 管检测

1. 极性检测

将指针式万用表置于 R×100 挡，若测得某电极与其他电极之间的电阻值都是无穷大，则此电极为栅极 G；然后作正反两次测量 D-S 之间的电阻值，其中测得电阻值较小的一次，红表笔接的电极为 S 极，黑表笔接的电极为 D 极。

2. 性能检测

耗尽型 MOS 管，若是测得 G-D、G-S 间正反向电阻值为无穷大，则 MOS 管绝缘性能良好，否则，MOS 管已被击穿损坏；若测得 D-S 间的电阻值在几百欧姆至几千欧姆，则 MOS 管为正常；若电阻值偏差很大，说明漏极与源极间已开路或击穿。

增强型 MOS 管，在确定栅极无感应电压的情况下，测得各电极之间的电阻值均为无穷大，则 MOS 管正常，否则 MOS 管已损坏；让栅极 G 悬空，将万用表的表笔接 D、S，指针若有摆动，则 MOS 管正常。

⌐ 选用注意 ⌐

场效应管的源极、漏极是对称的，互换使用不影响效果。因此，除栅极外的两级中，任何一极均可为源极或漏极。

操作分析 4 **单向晶闸管的检测**

1. 极性判别

单向晶闸管结构及等效电路如图 1.1.25 所示。将指针式万用表置于 R×1k 挡，分别测量两电极之间的正反向电阻值，若测得其中两电极的阻值较大，交换表笔再测时，阻值较小，则此时黑表笔所接的电极为控制极（即门极）G，红表笔所接的电极为阴极 K，余下的电极则为阳极 A。

2. 性能检测

单向晶闸管性能检测方法如图 1.1.26 所示。将指针式万用表置于 R×1k 挡，分别测量各电极之间的正反向电阻值，除了控制极 G 与阴极 K 之间的正向电阻值较小外，其余应为无穷大。再将指针式万用表置于 R×1 挡，黑表笔接阳极 A，红表笔接阴极 K，并将阳极 A 与控制极 G 接触，即给控制极 G 加上触发电压，此时单向晶闸管导通，指针偏转。然后，断开阳极 A 与控制极 G 的接触，单向晶闸管仍维持状态，则被测单向晶闸管正常；否则，不能使用。

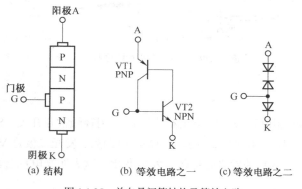

图 1.1.25 单向晶闸管结构及等效电路

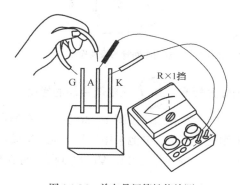

图 1.1.26 单向晶闸管性能检测

操作分析 5 **双向晶闸管的检测**

双向晶闸管的结构如图 1.1.27 所示。

1. 极性判别

（1）判别 T2 电极

由图 1.1.25 可知，控制极 G 与第一阳极 T1 较近，与第二阳极 T2 较远，因此 G 极与 T1 极之间正、反向电阻值都较小（几十欧姆），而 T2 极与 G、T2-T1 之间都呈高阻（无穷大）。这表明，如果测出某脚和其他两脚都不通，就肯定是 T2 极。

另外，采用 TO-22 封装的双向晶闸管，T2 极通常与小散热板连通，据此亦可确定 T2 极。

（2）判别 G 极和 T1 极

图 1.1.27 双向晶闸管的结构

确定 T2 极之后，在余下的两个电极之间假设一个电极为 T1 极，另一极为 G 极。将黑表笔接 T1 极，红表笔接已知的 T2 极，电阻为无穷大。接着用红表笔尖将 T2 极与 G 极接触，即给 G 极加上一个负极性触发信号，此时若双向晶闸管导通，内阻减小（100Ω左右）。然后将红表笔断开与 G 的接触，导通不变，再将红、黑表笔调换，即红表笔接 T1，黑表笔接 T2，并将 T2 与 G 接触，即给 G 加上一个正极性触发信号，双向晶闸管仍然导通，断开与其接触，导通不变，则上述假设正确。双向晶闸管的极性检测方法如图 1.1.28 所示。

2. 性能检测

在判别双向晶闸管的 T1、G 极时，如果双向晶闸管能在正、负触发信号下触发导通，这说明被测双向晶闸管具有双向触发导通的能力，则该双向晶闸管正常，否则管子已经损坏。双向晶闸管性能检测方法如图 1.1.29 所示。

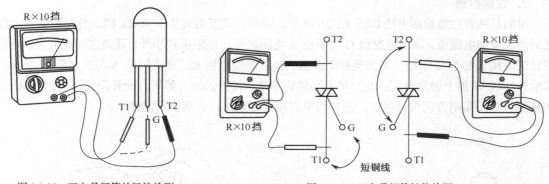

图 1.1.28　双向晶闸管的极性检测　　　　　　图 1.1.29　双向晶闸管性能检测

操作分析 6 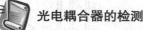 **光电耦合器的检测**

（1）实验法。按图 1.1.30 所示，在通用印制电路板上安装元器件。S2 采用轻触常开开关，S1 采用纽子开关，电池采用纽扣电池，集成块插座采用双列直插式。当接通电源后，发光二极管 VL 不发光，按下开关 S2，VL 被点亮。调节 RP，VL 的发光强度随之发生变化，这表明光电耦合器是好的。

（2）双电表法。将指针式万用表置于 R×1k 挡，如图 1.1.31 所示。这样能通过指针式万用表的偏转角度（实际上是光电流的变化），来判断光电耦合器的情况。指针向右偏转角度越大，说明光电耦合器的光电转换效率越高，即传输比越高，反之越低；若表针不动，说明光电耦合器已损坏。

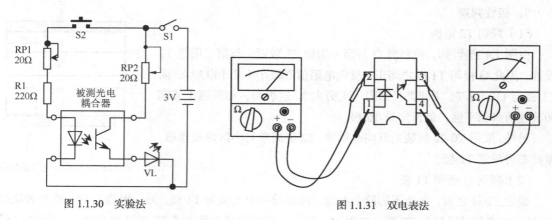

图 1.1.30　实验法　　　　　　　　　　图 1.1.31　双电表法

（3）辅助电源法。将万用表置于 R×1kΩ 电阻挡，两表笔分别接在光电耦合器的输出端的④、⑤脚；然后用一节 1.5V 电池与一支 50～100Ω 的电阻串接，如图 1.1.32 所示，电池正极端接光电耦合器的①脚，负极端去触碰②脚，或者负极端接②脚，正极端去触碰①脚，观测接在输出端万用表表针的偏转情况。如果表针摆动，说明光电耦合器是好的；如果不摆动，则说明光电耦合器已损坏。万用表表针摆动偏转角度越大，表明光电转换灵敏度越高。

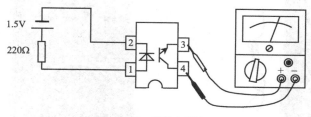

图 1.1.32　辅助电源法

操作分析 7　数字式万用表的基本使用方法

1. 电压测量

（1）交流电压挡的操作方法

① 将红表笔插入 VΩ 插孔中，黑表笔插入 COM 插孔中。

② 将量程开关置于 V～ 的合适挡位上。

③ 将万用表的电源开关置于"ON"即可进行测量。

测量实例：测量电源变压器次级的 9V 电压，测量示意如图 1.1.33 所示。

- 将量程开关置于交流电压 20V 挡。
- 将万用表的电源开关置于"ON"。
- 两表笔分别接电源变压器次级的两根引线。
- 读出显示屏上的显示数（单位为 V），即为被测电压值。
- 若读数小于 2V，则应先将量程开关置于交流电压 2V 挡，然后再进行上述操作测量。若读数显示溢出时，则应先将量程开关置于交流电压 200V 挡，然后再作上述操作测量。

（2）直流电压挡的操作方法

① 将红表笔插入 VΩ 插孔中，黑表笔插入 COM 插孔中。

② 将量程开关置于 V- 的合适挡位上。

③ 将万用表的电源开关置于"ON"，即可进行测量。

测量实例：干电池电压测量，测量示意如图 1.1.34 所示。

- 将量程开关置于直流电压 2V 挡。
- 将万用表的电源开关置于"ON"。
- 红表笔接电池正极，黑表笔接电池负极。
- 读出显示屏上的显示数（单位为 V），即为被测电压值。

2. 电流测量

（1）交流电流挡的操作方法

① 将量程开关置于 A～ 的合适挡位上。

② 将红表笔的一端插入 200mA（或 20A）插孔中，黑表笔的一端插入 COM 插孔中。

③ 将万用表的电源开关置于"ON"。

测量实例：电源变压器次级输出电流测量，测量示意如图 1.35 所示。

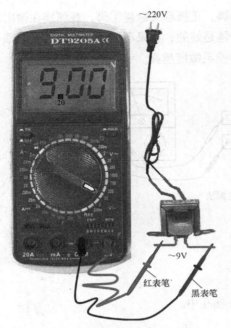

图 1.1.33　电源变压器次级电压测量

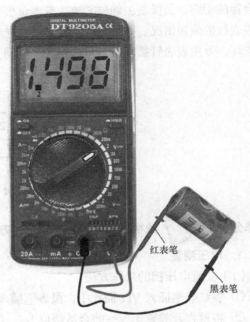

图 1.1.34　干电池电压测量

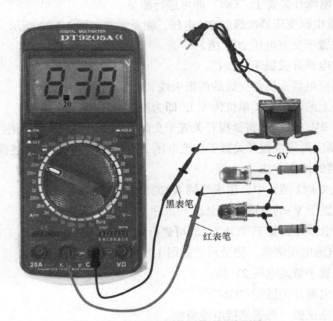

图 1.1.35　电源变压器次级输出电流测量

- 将量程开关置于 200mA 挡。
- 将万用表的电源开关置于"ON"。
- 将万用表串联入被测电路中。
- 读出显示屏上的显示数（单位为 mA），即为被测电流值。
- 若被测电流值小于 20mA，则应先将量程开关置于交流电流 20mA 挡，然后再进行上述操作测量。

（2）直流电流挡的操作方法

① 将量程开关置于 A- 的合适挡位上。

② 将红表笔一端插入 200mA 插孔中，黑表笔的一端插入 COM 插孔中。

③ 将万用表的电源开关置于"ON"。

测量实例：流过发光二极管的电流测量，测量示意如图 1.1.36 所示。

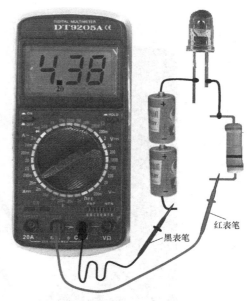

- 将量程开关置于 20mA 挡。
- 将万用表的电源开关置于"ON"。
- 将万用表串联入被测电路中。
- 读出显示屏上的显示数（单位为 mA），即为被测电流值。

3. 二极管及蜂鸣器挡的操作方法

① 将红表笔插入 VΩ 插孔中，黑表笔插入 COM 插孔中。

图 1.1.36　流过发光二极管的电流测量

② 将量程开关置于二极管及蜂鸣器的挡位上。

③ 将万用表的电源开关置于"ON"。

④ 将万用表的红表笔的另一端接被测二极管的正极，黑表笔的另一端接负极，此时显示屏上显示的就是被测二极管的正向压降 V_F（电压单位为 mV）。

⑤ 若被测二极管的正向压降为 0.5～0.7V，则被测二极管为硅二极管；若被测二极管的正向压降为 0.15～0.3V，则被测二极管为锗二极管；若显示屏上显示的是"000"，同时蜂鸣器发出"嘀嘀"的响声，表明测二极管已短路；若显示溢出符号"1"，则被测二极管开路。

⑥ 若将万用表的红、黑表笔互换再测时，硅二极管与锗二极管均显示溢出符号"1"。

测量实例：二极管正向压降测量，测量示意如图 1.1.37 所示。

- 将量程开关置于二极管及蜂鸣器的挡。
- 将红表笔插入 VΩ 插孔中，黑表笔插入 COM 插孔中。
- 将万用表的电源开关置于"ON"。
- 读出显示屏上的显示数（单位为 mV），即为被测电压值。

4. 电容器测量方法

① 将量程开关置于 F 电容器挡的合适挡位上。

② 将万用表的电源开关置于"ON"。

③ 将被测电容器的两引线插入"CX"插孔中，即可进行测量。

④ 若被测电容器是电解电容器时，测量前必须先将电解电容器作放电处理，然后将两引线插入"CX"插孔中进行测量。

测量实例：电解电容器的容量测量，测量示意如图 1.1.38 所示。

- 将量程开关置于略大于被测电解电容器容量的挡位上。
- 将万用表的电源开关置于"ON"。
- 用螺丝刀的杆将电解电容器的两根引线短路，即对电解电容器作放电处理。
- 将被测电容器的两引线插入"CX"插孔中。

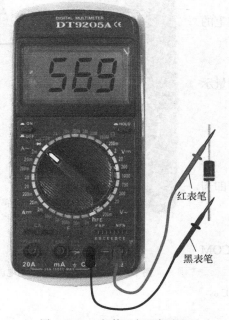
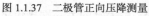

图 1.1.37　二极管正向压降测量

图 1.1.38　电解电容器的容量测量

- 读出显示屏上的显示数（单位为 μF），即为被测电解电容器的容量值。

5. 电阻器测量方法

① 将量程开关置于 Ω 挡的合适挡位上。

② 将红表笔插入 VΩ 插孔中，黑表笔插入 COM 插孔中。

③ 将万用表的电源开关置于"ON"，即可进行测量。

④ 若量程开关在 200Ω 挡位上进行测量时，应先将两表笔短路。测出表笔导线的电阻值，然后再从测得的阻值中减去此值，才能得出被测电阻器的实际阻值。

测量实例：电阻器阻值测量，测量示意如图 1.1.39 所示。

- 将量程开关先预置于电阻挡 2k 挡位。
- 将万用表的电源开关置于"ON"。
- 读出显示屏上的显示数（单位为 kΩ），即为被测电阻器阻值。

6. 晶体管直流放大倍数（系数）h_{FE} 测量方法

① 将量程开关置于 h_{FE} 挡位上。

② 将被测晶体管按类型并注意各电极的位置插入相应的插孔。

③ 将万用表的电源开关置于"ON"，即可进行测量。

测量实例：晶体管 S9013 的 h_{FE} 值的测量，测量示意如图 1.1.40 所示。

- 将量程开关置于 h_{FE} 挡位上。
- 将万用表的电源开关置于"ON"。
- 因为被测晶体管 S9013 是 NPN 型晶体管，因此将 S9013 的 3 个电极 E、B、C 插入 NPN 型相应的插孔内。

- 读出显示屏上的显示数，即为被测晶体管 S9013 的 h_{FE} 值。

图 1.1.39　电阻器阻值测量　　　　　　　图 1.1.40　晶体管 S9013 h_{FE} 值的测量

操作分析 8　晶体管特性图示仪操作示例

由于半导体器件型号繁多，现以 90 系列小功率晶体管为对象，介绍晶体管特性图示仪的基本操作方法。

1. 各旋钮（按钮、开关）的初始位置

① 电源开关：置于关。

② 集电极电源极性按钮：置于正极性。

③ 峰值电压范围：峰值电压置 0～10V 挡。

④ 峰值电压%：置于逆时针到底，即峰值电压为零。

⑤ 功耗限制电阻：置 250Ω。

⑥ Y 轴选择（电流/度）：置于 1mA/度。

⑦ X 轴选择（电压/度）：置于 1V/度。

⑧ 显示开关：3 个开关全部置于弹出状态。

⑨ 级/簇：置于顺时针到底，即取 10 级/簇。

⑩ 电压－电流/级：置于 10μA/级。

⑪ 基极阶梯信号极性按钮：置于正极性。

⑫ 重复/关按钮：置于重复。

⑬ 测试选择按钮：按下左按钮，使用左边的测试插座。

2. 仪器校准

① 开启电源，指示灯亮，预热 1min。

② 调节辉度、聚焦、辅助聚焦等旋钮，使光点最清晰、亮度适中。

③ 调节垂直位移旋钮与水平位移旋钮，使光点置于显示屏坐标刻度的左下角，即 X 轴与 Y 轴的零点。

④ 调节 Y 轴选择（电流/度）开关至阶梯信号挡，此时在显示屏上可以看到 11 个光点。

⑤ 调节调零调节旋钮，将 11 个光点中最下面的一个光点调至 X 轴与 Y 轴的零点处，即与原来的光点位置重合。

⑥ 调节 Y 轴选择（电流/度）开关至原来位置，即置于 1mA/度。

3. 晶体管 $\overline{\beta}$ 和 β、$U_{(BR)CEO}$（或 BV_{CEO}）的测量

现以 S9013（90 系列晶体管中 S9012、S9015 为 PNP 型，其余为 NPN 型管）为被测晶体管，由于 S9013 为小功率管，因此图示仪的各旋钮位置就不需再调整了。设被测晶体管测试条件为 $V_{CE}=5V$，$I_C=10mA$。

（1）晶体管 $\overline{\beta}$ 值测量

① 将被测晶体管 S9013 按电极插入图示仪测试台左边插座的对应插孔内。

② 顺时针调节"峰值电压%"旋钮，逐渐增大峰值电压，此时，在显示屏上可以看到一簇满幅特性曲线。

晶体管特性曲线如图 1.1.41 所示。

③ 读出沿 X 轴上 $V_{CE}=5V$ 与满幅特性曲线中最上面一根曲线交点所对应的在 Y 轴上 I_C 的值，由图 1.1.41 中可以看出 $I_C=9.8$ mA。

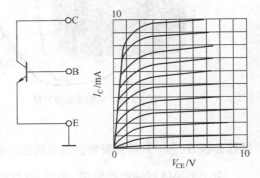

图 1.1.41　晶体管特性曲线

由于电压－电流/级取值为 10μA/级，则特性曲线中最上面一根曲线的基极电流为

$$I_B=10μA/级×10 级=100μA$$

根据 $\overline{\beta}=I_C/I_B$，得

$$\overline{\beta}=9.8 \text{ mA}/100μA=98$$

即被测晶体管的直流电流放大倍数（系数）为 98 倍。

若一簇满幅特性曲线已经超出显示屏，则只需适当减小电压－电流/级的取值，再重复上述第 3 步操作。

（2）晶体管 β 值测量

我们知道 $\beta=\Delta I_C/\Delta I_B$，设 $\Delta I_B=I_{B2}-I_{B1}$，在图 1.1.41 中取

$$I_{B1}=40μA，\quad I_{B2}=60μA，$$

则

$$\Delta I_B=60μA-40μA=20μA$$

而当在 X 轴上 $V_{CE}=5V$ 时，与 I_{B1}、I_{B2} 所对应的 I_{C1}、I_{C2} 为

$$I_{C1}=3.9mA，\quad I_{C2}=5.8mA$$

则

$$\Delta I_C=5.8mA-3.9 \text{ mA}=1.9 \text{ mA}$$

故

$$\beta=1.9 \text{ mA}/20μA=95$$

即被测晶体管的交流电流放大倍数（系数）为 95 倍。

若被测晶体管为 PNP 型晶体管，则只需将集电极电源极性按钮、基极阶梯信号极性按钮放在

负极性置位，再将显示开关中的转换开关按下，即可做上述测量操作。

选用注意

　　测试完成后即刻将"峰值电压"旋钮调至逆时针到底，即使峰值电压为零，以防损坏被测晶体管。

（3）晶体管击穿电压 $U_{(BR)CEO}$ 的测量

① 将峰值电压范围置于 0～100V 挡。

② 调 X 轴选择（电压/度）至 10V/度。

③ 调 Y 轴选择（电流/度）至 0.02mA/度。

④ 功耗限制电阻置于 5kΩ。

⑤ 将测试台上的零电流按钮按下并且按住不放，使被测晶体管的基极输入电流为零。

⑥ 逐渐增大峰值电压，使扫描线自开始沿 Y 轴方向向上折弯超过 5 格停止（超过 5 格是基于被测晶体管可能会出现二次击穿现象考虑的）。

晶体管击穿电压测量如图 1.1.42 所示。

⑦ 读出曲线在沿 Y 轴方向向上折弯超过 5 格时的 X 轴上的电压值，由图 1.1.42 中可得

$$U_{(BR)CEO}=6.2\ 度×10V/度=62V$$

即被测晶体管的击穿电压为 62V。

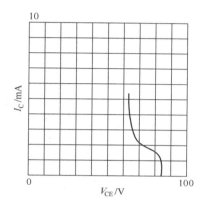

图 1.1.42　晶体管击穿电压测量

4. 稳压二极管 1N4733A 的稳定电压 U_z 值测量

用晶体管特性图示仪测量稳压二极管 1N4733A 的稳定电压 U_z 值，设稳压二极管的工作电流为 5mA。

（1）各旋钮（按钮、开关）的初始位置

① 电源开关：置于关。

② 集电极电源极性按钮：置于正极性。

③ 峰值电压范围：峰值电压置于 0～10V 挡。

④ 峰值电压%：置于逆时针到底，即峰值电压为零。

⑤ 功耗限制电阻：置于 1kΩ。

⑥ Y 轴选择（电流/度）：置于 1mA/度。

⑦ X 轴选择（电压/度）：置于 1V/度。

⑧ 显示开关：3 个开关全部置于弹出状态。

⑨ 测试选择按钮：按下左按钮，使用左边的测试插座。

（2）稳压二极管的稳定电压 U_z 值测量

① 开启电源，指示灯亮，预热 1min。

② 调节辉度、聚焦、辅助聚焦等旋钮，使光点最清晰、亮度适中。

③ 调节垂直位移旋钮与水平位移旋钮，使光点置于显示屏坐标刻度的左下角，即 X 轴与 Y 轴的零点。

④ 将被测稳压二极管的负极插入左边测试插座 C 孔座内，正极插入 E 孔座内。

⑤ 逐渐增大峰值电压，使扫描线自开始沿 Y 轴方向向上折弯超过 5 格停止，即流过稳压二极管的电流等于 5mA。

⑥ 读出曲线在沿 Y 轴方向向上折弯超过 5 格时的 X 轴上的电压值，即 U_Z 的值。从图 1.1.43 中得到

$$U_Z = 5.2 \text{ 度} \times 1V/\text{度} = 5.2V$$

即 1N4733A 稳压二极管的稳定电压为 5.2 V。

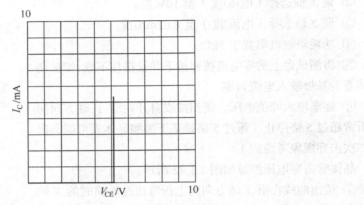

图 1.1.43　稳压二极管 1N4733A 的稳定电压 U_Z 测量

技能训练 1　半导体器件检测

1. 训练目标

① 熟悉各种特殊半导体器件的外形。

② 了解各种特殊半导体器件的应用。

③ 学会用指针式万用表对特殊半导体器件的质量性能检测。

2. 训练器材与工具

（1）训练器材

① 场效应管：CS1B、3DJ8、3DN1G 和 3D01E 各 1 只。

② 单向晶闸管：3CT1 和 KP3 各 1 只。

③ 双向晶闸管：BCM1AM 和 2N6075 各 1 只。

（2）工具

指针式万用表 1 块。

3. 训练内容与步骤

① 用指针式万用表对场效应管、单向晶闸管和双向晶闸管的质量性能作检测。

② 按元器件上的编号以升序方式作检测。

4. 训练要求

① 训练内容必须独立完成。

② 将检测中有质量问题的元器件按表 1.1.2 中内容要求填入表内。

表 1.1.2   半导体器件的检测

编　号	名　　称	检测中出现的质量问题
	CS1B 场效应管	
	3DJ8 场效应管	
	3DN1G 场效应管	
	3D01E 场效应管	
	3CT1 单向晶闸管	
	KP3 单向晶闸管	
	BCM1AM 双向晶闸管	
	2N6075 双向晶闸管	

技能训练 2  数字式万用表与晶体管特性图示仪的使用

1. 训练目标

① 熟练掌握数字式万用表的使用方法。

② 掌握用晶体管特性图示仪测量晶体管的 $\overline{\beta}$ 值、β 值和 $U_{(BR)CEO}$ 值。

③ 掌握用晶体管特性图示仪测量稳压二极管的稳定电压 U_Z 值。

2. 训练器材与工具

（1）训练器材

放大器电路实验板 1 块，电阻器 1 只，瓷片电容器（CC1-102）1 只，电解电容器（CD11-10μF-25V）1 只，稳压二极管（1N5995B）1 只，PNP 型晶体管（S9015）1 只。

（2）工具

数字式万用表 1 块，晶体管特性图示仪 1 台。

3. 训练内容与步骤

（1）用数字式万用表测量

① 电阻器阻值。

② 瓷片电容器容量。

③ 电解电容器容量。

④ 测量放大器电路静态工作总电流。

⑤ 晶体管的静态工作电压。

（2）用图示仪测量

① S9015 晶体管 $\overline{\beta}$ 值。

② S9015 晶体管 β 值。

③ S9015 晶体管 $U_{(BR)CEO}$ 值。

④ 1N5995B 稳压二极管的稳定电压值 U_Z。

4. 训练要求

① 将数字式万用表所测量的电阻器阻值、电解电容器容量的方法步骤填入表 1.1.3 内。

② 将数字式万用表所测量的静态工作电流、静态工作电压的方法步骤填入表 1.1.4 内。

③ 将晶体管特性图示仪的测得晶体管的 h_{FE} 值、β 值和 $U_{(BR)CEO}$ 填入表 1.1.5 内。

④ 将晶体管特性图示仪的测得稳压二极管的稳定电压值 U_Z 填入表 1.1.5 内。

表 1.1.3　　　　　　　　　　用数字式万用表测量电阻器、电容器

测量内容	测量方法或步骤
五色环电阻器阻值	
电解电容器容量	

表 1.1.4　　　　　　　用数字式万用表测量静态工作总电流、静态工作电压

测量内容	测量方法或步骤
放大器静态工作电流	
V 静态工作电压	

表 1.1.5　　　　用晶体管特性图示仪测量晶体管的 $\bar{\beta}$ 值、β 值、$U_{(BR)CEO}$ 和 U_Z

名　称	$\bar{\beta}$	β	$U_{(BR)CEO}$	U_Z
S9015 晶体管				/
1N5995B 稳压二极管	/	/	/	

> **训练评价**

将训练评价填入表 1.1.6 和表 1.1.7 中。

表 1.1.6　　　　　　　　　　半导体器件检测评价表

班　级		姓　名		学　号		成　绩	
工时定额		实用工时		起止时间：自　　时　　分至　　时　　分			
序　号	项目检查	配分比例	评分标准			扣　分	
1	场效应管检测	60 分	1. 引线损坏，扣 15 分 2. 质量性能检测错误，扣 15 分				
2	单向晶闸管检测	20 分	1. 引线损坏，扣 20 分 2. 质量性能检测错误，扣 20 分				
3	双向晶闸管检测	20 分	1. 引线损坏，扣 20 分 2. 质量性能检测错误，扣 20 分				
指导老师签字							

表 1.1.7　　　　　　　　　数字式万用表、图示仪操作评价表

班　级		姓　名		学　号		成　绩	
工时定额		实用工时		起止时间：自　　时　　分至　　时　　分			
序　号	项目检查	配分比例	评分标准			扣　分	
1	数字式万用表测量电阻器	10 分	1. 元器件损坏，扣 10 分 2. 测量方法或步骤错误，扣 10 分				
2	数字式万用表测量电容器容量	15 分	1. 元器件损坏，扣 15 分 2. 测量方法或步骤错误，扣 15 分				
3	数字式万用表测量直流电流	15 分	测量方法或步骤错误，扣 15 分				
4	数字式万用表测量直流电压	15 分	测量方法或步骤错误，扣 15 分				
5	图示仪测量 PNP 型晶体管	30 分	1. 测量方法错误，每项扣 15 分 2. 测量误差在±5%以上，每项扣 10 分 3. 晶体管损坏，扣 30 分				
6	图示仪测量稳压二极管稳定电压	15 分	1. 方法错误，扣 15 分 2. 测量误差大于±5%，扣 10 分 3. 稳压二极管损坏，扣 15 分				
指导老师签字							

任务二　机电元器件及其检测

在日常生活中，照明灯的开关，计算机主机与显示器等的连接器，家用电器中的各种功能操作指示灯，电源指示灯，电源插头与插座，熔断器等都是机电元器件。机电元器件是人们生活中不可缺少的重要部分之一。认识机电元器件，了解机电元器件的性能，掌握机电元器件性能质量的检测方法，是本任务学习的主要内容。

基础知识

机电元器件，即利用机械力或电信号的作用，使电路产生接通、断开、转接等功能的元器件。

知识链接 1　开关器件

开关在电子电路或电器设备中的主要作用是接通、断开和转换电路，电路中文字符号为 S。在通常情况下，一个开关是由两个接触点构成的，其中有一个是可以移动的触点，这个触点称为刀片触点（极），与这个触点相连的引脚就是刀片引脚；另一个触点就是定触点（位），与该触点相连的引脚就是定片引脚。开关的电路符号如图 1.2.1 所示。

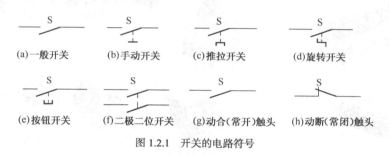

(a)一般开关　　(b)手动开关　　(c)推拉开关　　(d)旋转开关

(e)按钮开关　　(f)二极二位开关　　(g)动合(常开)触头　　(h)动断(常闭)触头

图 1.2.1　开关的电路符号

按照动作类型，电子产品中最常见的开关有按钮开关、钮子开关、拨动开关、波段开关、拨码开关、键盘开关等，常用开关的外形如图 1.2.2 所示。下面介绍几种常用的开关器件。

1. 按键开关

按键开关有 KA 型、AN24 等几种，适用于直流电压不大于 300V 或交流电压不大于 220V 的电路。通常用于家用电器及仪器仪表电源开关、电路转换等。

2. 钮子开关

钮子开关通常为双位和双极双位开关，型号有 KNX 型、KN3A 型、KN3B 型等几种。一般用于电源开关电路转换等。

3. 拨动开关

波动开关一般用于电路状态转换、低压控制等，如收音机及收录机的波段开关，型号有 KB× 型、KBB×型、KHB××型等。

4. 波段转换开关

波段转换开关一般都是多极多位开关。波段开关按操作方式分类，有旋转式、拨动式、杠杆式等。通常应用较多的是旋转式波段开关，主要用在收音机、收录机及各种仪器仪表中，型号有

KB××、KZ、KZX××、KHT××、KC××等。

图 1.2.2 常用开关的外形

5. 拨码开关

拨码开关又称 DIP 开关，是一种多极单位开关的组合，内部有多个微型开关。当组合有 4 个开关时，其具体名称就为"4 位拨码开关"。这种开关通常在正面上的一方标注一个"ON"符号，当该路开关拨至"ON"位置时，该路开关为闭合状态，否则为断开状态。

6. 薄膜按键开关

薄膜按键开关简称薄膜开关，它是一种集装饰与功能为一体的新型开关，如图 1.2.3 所示。与传统的机械开关相比，它具有结构简单、外形美观、性能稳定、密闭性好、寿命长等优点，被广泛使用于用单片机进行控制的电子产品中。薄膜按键开关分为软性薄膜开关和硬性薄膜开关两种类型。薄膜按键开关通常采用标准键盘，为矩形排列方式，有 8 根引出线，分成行线和列线。

选用开关不仅要根据使用的具体场合、具体用途来选择其类型，更要考虑开关的额定电压、额定电流、绝缘电阻等参数，选择开关的额定电压、额定电流应为实际工作电压、实际工作电流的 1～2 倍，绝缘电阻应在 100MΩ 以上。

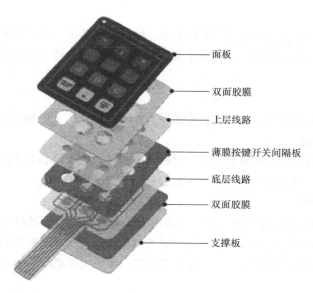

面板

双面胶膜

上层线路

薄膜按键开关间隔板

底层线路

双面胶膜

支撑板

图 1.2.3　典型薄膜按键开关结构面板

知识链接 2 **连接器**

连接器，又称接插件或插头座，在电路中文字符号通常为 X，主要功能是为电子产品提供简便的插拔式电气连接。

现代电子系统使用着数以千计的各类连接器，对它的主要性能要求有：接触可靠、良好的导电性能、良好的绝缘性能、足够的机械强度、适当的插拔力等。

连接器的种类繁多，按其外形和用途可分为圆形、矩形接插件，印制电路板接插件，耳机用接插件，电源用接插件，高频接插件，音、视频接插件，带状电缆接插件等，常用的接插件外形如图 1.2.4 所示。下面介绍几种常用的接插件。

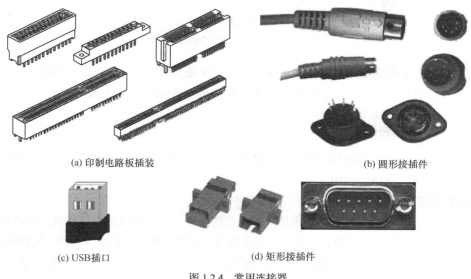

(a) 印制电路板插装　　　　　　　　(b) 圆形接插件

(c) USB 插口　　　　(d) 矩形接插件

图 1.2.4　常用连接器

1. 圆形接插件

圆形接插件主要有插接式和螺接式两种类型，插接式通常用于插拔频繁、连接点数少的电路连接。螺接式又称航空插头插座，通常用于多点连接点和插拔力较大的场合，适用于电流大、不需要插拔的电路连接。

2. 矩形接插件

矩形接插件有带外壳和不带外壳的，有锁紧式和非锁紧式，主要用于机内或机外互连。

3. 印制电路板插座

印制电路板插座的结构形式有直接式、绕接式、间接式，单排和双排之分。另外，插座的簧片有镀金、镀银之分，要求较高的场合应用镀金插座。

4. 音、视频接插件

音、视频接插件通常用于音视频设备信号的传输，如图 1.2.5 所示。其尺寸有 $\phi2.5$、$\phi3.5$ 和 $\phi6.35$ 3 种，其中，$\phi2.5$ 用于微型收音机，$\phi3.5$ 用于各种袖珍式及便携式音响设备及多媒体计算机设备中，$\phi6.35$ 用于台式设备音频信号。音、视频接插件一般采用屏蔽线与插头连接。

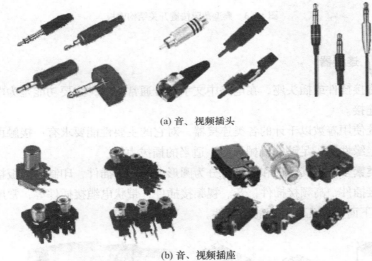

(a) 音、视频插头

(b) 音、视频插座

图 1.2.5 音、视频接插件

选用连接器，首先应根据其用途来选择类型，其次还要考虑选择的连接器的额定电压应大于实际工作电压，额定电流应大于实际工作电流，且其接触电阻应小于 0.5Ω。

知识链接 3 熔断器

熔断器俗称保险丝。熔断器的核心部分是熔体，亦称熔丝。当电流过载时，熔体熔断，切断电源，从而起到保护电器的作用。

1. 熔断电阻器

熔断电阻器，即保险丝电阻器，它是一种双功能元件。在正常情况下使用时，它具有普通电阻器的功能，一旦电路出现故障，超过其额定功率时，它就会在规定时间内开路，从而切断电源，对用电器起到保护作用。熔断电阻器因其价格低廉，所以在各种电子电路中得到广泛应用。熔断电阻器可分为如下 4 类。

（1）不可修复型熔断电阻器

它多为膜式熔断电阻器。一旦熔断电阻器开路，只能重新替换新的。它的外形结构有圆柱型、长方型、腰鼓型等。

不可修复型熔断电阻器外形如图1.2.6所示。

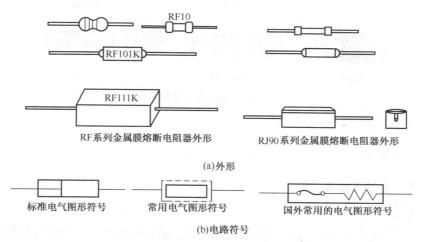

RF系列金属膜熔断电阻器外形　　　　　RJ90系列金属膜熔断电阻器外形

(a)外形

标准电气图形符号　　　常用电气图形符号　　　国外常用的电气图形符号

(b)电路符号

图 1.2.6　不可修复型熔断电阻器

（2）可修复型熔断电阻器

国产可修复型熔断电阻器的外形、结构和尺寸如图1.2.7所示。它是一只圆柱形薄膜电阻器，在电阻器的一端采用低熔点焊料焊接一根弹性金属片（或金属丝），过热时焊点首先融化，弹性金属片（或金属丝）与电阻器断开。这种熔断电阻器的修复很简单，只需将断开的焊点用低熔点焊料（生产厂提供）焊牢即可再使用。

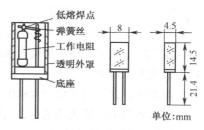

图 1.2.7　国产可修复型熔断电阻器

（3）可恢复保险丝

可恢复保险丝，即聚合开关。它是一种高分子PTC的过流保护元件，其特点是：常温下阻抗极低，当通过的电流过大时，聚合开关温度升高，阻抗急剧上升，使通过的电流限制在一定的界限上，而起到保护电路的作用；一旦电流恢复到正常范围，聚合开关温度下降，阻抗又呈极低。

可恢复保险丝多用于高品质音响的保护，它的外形如图1.2.8所示。

（4）快速过流保护管

快速过流保护管，其外形如同普通塑封晶体管，有两根引线，使用时一般直接焊接在电路板上。它比一般的熔断器熔断时间短得多，适于需要快速切断电源的场合，多用于集成电路的保护。注意，若快速过流保护管损坏了，必须更换新的，不能用普通熔断器来代替。

2. 保险丝管

图 1.2.8　可恢复保险丝外形

熔断管由玻璃管、熔丝及接触端帽组成，常见于电子装置、电子仪器中作过载保护用。熔断管通常装在熔断管座内，更换非常方便。额定电流有0.5A、0.75A、1.0A、1.50A、2.0A、2.5A、3.0A、4.0A、5.0A、10A 等规格。熔断管座一般用胶木或塑料制成，有插入式和螺旋式两种结构，还有一种简单的熔断管座用簧片和绝缘板制成。熔断管及其管座如图1.2.9所示。

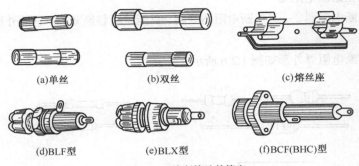

(a)单丝　　　　　　(b)双丝　　　　　　(c)熔丝座

(d)BLF型　　　　(e)BLX型　　　　(f)BCF(BHC)型

图 1.2.9　熔断管及其管座

 操作分析

操作分析1 开关检测

1. 外观检查

观察开关的手柄是否活动自如，是否有松动现象，能否转换到位。观察引线是否有折断，紧固螺丝是否有松动等现象。

2. 用万用表进行检查

将指针式万用表置于 R×1 挡，用一支表笔接开关的"极"触点的引出端，另一支表笔接开关的"位"触点的引出端。当将开关闭合时，测得的电阻阻值应为零。当将开关断开时，测得的电阻阻值应为无穷大。

再将指针式万用表置于 R×10k 挡，测量各组独立触点之间的电阻值，其阻值应为∞，各触点与外壳之间的电阻值也应为∞；若测出有一定阻值则表明有漏电现象。

3. 开关故障解决方法

开关故障出现的概率比较高，主要是接触不良、不能接通、触点之间有漏电、工作状态无法转换等。其中，接触不良的故障较为多见，表现为时通、时断，且造成的原因有多种。其中有触点氧化，触点表面脏污等。此类故障可通过用细砂纸打磨、用无水酒精清洗触点的方法来解决。对因触点打火而损坏的、触点无法接通的、触点之间有漏电的、工作状态无法转换等故障，只能通过更换新的开关来解决。

4. 薄膜开关的检测

（1）将指针式万用表置于 R×10 挡，两支表笔分别接一个行线和一个列线，当用手指按下行线和列线的交点键时，测得的电阻值应为零。当松开手指时，测得的电阻值应为无穷大。

（2）将指针式万用表置于 R×10k 挡，保持全部按键处于弹起状态。先把一支表笔接在任意一根线上，用另一支表笔去接触其他的线，做循环检测，可测得各引线之间的绝缘情况。在整个检测过程中，每对引出线的电阻均应无穷大，否则说明该对引出线之间有漏电故障。

操作分析2 连接器检测

1. 直观检查

查看引线断线和引线相碰的故障。对于可以旋开外壳的插头，检查其是否有引线相碰或引线断线故障。

2. 接触点通断检测

将指针式万用表置于 R×10 挡，两支表笔分别接在接插件的同一根导线的两个端头，测得的电阻值应为零。若不为零，说明该导线存在断路或接触不良故障。

再将指针式万用表置于 R×10k 挡，两支表笔分别接在接插件的任意两端，两个端头之间的电阻应为∞，否则说明该两端之间的导线有局部短路故障。

3. 故障解决方法

连接器的主要故障一是接触点之间接触不良而造成断路，二是插头的引线断开故障。当连接器出现接触不良故障时，对于非密封型连接器可以用细砂纸打磨触点，也可用尖嘴钳修整插座的簧片弧度，使其接触良好。对于密封型的插头、插座一般无法进行修理，只能采用更换的方法解决。

操作分析 3 **熔断器检测**

由于熔断器是串联在受保护的电路中，只有当流过的电流过载时它才起作用，电流正常时，它如同导线一般串联在电路中，且串联阻值较小，对电路毫无影响。因此，检测熔断器时，将万用表置于 R×1 挡，检测其通断情况。熔断器通，则好；断，则坏。

┘技能训练┕ 机电元器件检测

1. 训练目标

① 熟悉各种机电元器件的外形。

② 学会用指针式万用表检测机电元件的质量。

2. 训练器材与工具

（1）训练器材

① 波段开关：KCX 型波段开关和 KB3 型波段开关各 1 只。

② 拨动开关：1×2 拨动开关和 2×3 拨动开关各 1 只。

③ 音频连接器：φ3.5 单声道插头插座和 φ6.25 双声道插头插座各 1 套。

④ 印制电路板及连接器：CY401 型印制电路板插座及印制电路板和 CZJX-Y 型印制电路板插座及印制电路板各 1 套。

⑤ 熔断器：RJ90-A 保险丝电阻器和 1A 熔断管各 1 只。

（2）工具

指针式万用表 1 块。

3. 训练内容与步骤

用指针式万用表对所给机电元件按其编号按从小到大的顺序作检测。

4. 训练要求

将有质量问题的机电元件按表 1.2.1 中的内容要求填入表中。

表 1.2.1 机电元器件检测

编　号	名　　称	检测中出现的质量问题
	KCX 型波段开关	
	KB3 型波段开关	
	1×2 拨动开关	
	2×3 拨动开关	
	ϕ3.5 单声道插头插座	
	ϕ6.25 双声道插头插座	
	CY401 型印制板插座及印制板	
	CZJX-Y 型印制板插座及印制板	
	RJ90-A 保险丝电阻器	
	1A 熔断管	

> **训练评价**

将训练评价填入表 1.2.2 中。

表 1.2.2 机电元器件检测评价表

班　级		姓　名		学　号		成　绩	
工时定额		实用工时		起止时间：自　时　分至		时　分	
序　号	项　目　检　查		配分比例	评　分　标　准			扣分
1	波段开关		25 分	1. 测错 1 只，扣 10 分 2. 开关损坏，每只扣 10 分			
2	拨动开关		25 分	1. 测错 1 只，扣 10 分 2. 开关损坏，每只扣 10 分			
3	音频连接器		25 分	1. 测错 1 只，扣 10 分 2. 损坏 1 只，扣 10 分			
4	印制电路板及连接器		25 分	测错 1 个，扣 5 分			
指导老师签字							

任务三　传感器的识别与检测

当你想看电视时，按下遥控器的按钮，电视机便自动地打开了；每到夜晚，只要稍有声响，楼道灯便会自动点亮；在白天，声音再大楼道灯也不会自动点亮。这些现象就是传感器的作用。本任务将介绍常用传感元件的外形、工作原理和用途，传感元件的检测方法等。

⌐ **基础知识** ∟

传感器，即能将非电量信号转换成便于检测的电信号的一种装置、器件或元件，是一种敏感元件。敏感元件的种类繁多，按基本性能通常可分为光敏元件、热敏元件、力敏元件、气敏元件、磁敏元件、声敏元件、味敏元件、色敏元件、湿敏元件、压敏元件、射线敏元件、视敏元件等。这里仅介绍热敏电阻器、光敏电阻器、光电二极管和光电晶体管 4 种敏感元件。

知识链接 1 热敏电阻器

热敏电阻器是由金属氧化物的粉末按一定的比例混合烧结而成的一种半导体测温元件。半导体热敏电阻器，习惯上简称为"热敏电阻器"，由于它具有灵敏度高、精度高、制造工艺简单、体积小、用途广泛等特点而被广泛采用。热敏电阻器的工作原理很简单，即在温度的作用下，热敏电阻器的有关参数将发生变化，从而变换成电量输出。

热敏电阻器的外形及电路图形符号如图 1.3.1 所示。

(a) 负温度系数热敏电阻器

(b) 正温度系数热敏电阻器

(c) 电路图形符号

图 1.3.1　热敏电阻器的外形及电路图形符号

热敏电阻器按其对温度的不同反应可分为负温度系数热敏电阻器（NTC）、正温度系数热敏电阻器（PTC）及临界温度系数热敏电阻器（CTR）3 类，这 3 类热敏电阻器的电阻率 ρ 与温度 t 之间的相互关系均为非线性关系，特性曲线如图 1.3.2 所示。

选用热敏电阻器时，应选标称阻值与实际应用电路的需求相一致及额定功率大于实际耗散功率，且温度系数较大的热敏电阻器。

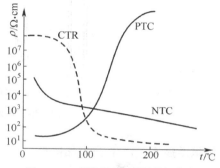
图 1.3.2　3 类热敏电阻器的特性曲线

知识链接 2　光敏电阻器

光敏电阻器是一种利用光敏感材料的内光电效应制成的光电元件。它具有精度高、体积小、性能稳定、价格低等特点，被广泛应用于自动化技术中，作开关式光电信号传感元件。光敏电阻器的工作原理简单，它由一块两边带有金属电极的光电半导体组成，电极和半导体之间呈欧姆接触，使用时在它的两电极上施加直流或交流工作电压。在无光照射时，光敏电阻器呈高阻态，回路中仅有微弱的暗电流通过；在有光照射时，光敏材料吸收光能，使电阻率变小，光敏电阻呈低阻态，回路中仅有较强的亮电流。光照越强，其阻值越小，亮电流亦越大。当光照停止时，光敏电阻又恢复高阻态。

选用光敏电阻器时，应根据实际应用电路的需要来选择暗阻、亮阻合适的光敏电阻器。通常应选择暗阻较大的，暗阻与亮阻相差越大越好，且额定功率大于实际耗散功率的、时间常数较小的光敏电阻器。光敏电阻器的外形结构及电路图形符号如图 1.3.3 所示。

(a) 电路图形符号

(b) 带金属外壳的光敏电阻器

(c) 不带金属外壳的光敏电阻器

图 1.3.3　光敏电阻器的外形结构及电路图形符号

知识链接 3 光电二极管

光电二极管和普通二极管一样，是由一个 PN 结组成的半导体器件，具有单向导电特性。普通二极管在反向电压作用下，只能通过微弱的反向电流，而光电二极管 PN 结的面积较大，可接收照射光。光电二极管在电路中通常处于反向偏置状态，在没有光照射时，反向电流非常微弱，称为暗电流；当有光照射时，反向电流迅速增大，称为光电流。光照强度越强，光电流也越大。

选用光电二极管时，被选管子的实际工作电压应小于额定最高工作电压，暗电流越小越好，光电流越大越好。常见的几种光电二极管外形及电路图形符号如图 1.3.4 所示。

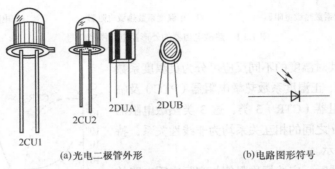

(a)光电二极管外形   (b)电路图形符号

图 1.3.4 常见的几种光电二极管外形及电路图形符号

知识链接 4 光电晶体管

光电晶体管与普通晶体管结构相同，其工作原理与光电二极管相似，它可以等效为光电二极管与普通晶体管的组合体。在光照下，光电二极管产生的光电流输入到晶体管的基极进行放大，输出的光电流可达到光电二极管光电流的 β 倍。光电晶体管的电极有 2 个的，也有 3 个的。若只有两个电极，即发射极 e 和集电极 c，则受光面就是基极 b。有些光电晶体管和光电二极管在外形上几乎一样，区分它们最简单的方法是用指针式万用表的 R×1k 挡判别。由于光电二极管的正向电阻值不随光照与否变化，与普通二极管一样，仅为几千欧姆，而光电晶体管在无光照射时，不管表笔怎样连接，所测得的阻值均在几百千欧姆以上。

选用光电晶体管时，电路实际工作电压不能超过被选管发射极 e 和集电极 c 两端所允许加的最高电压，实际耗散功率应小于额定功率，且暗电流较小、光电流较大、灵敏度高的光电晶体管。

常见的几种光电晶体管外形及电路图形符号如图 1.3.5 所示。

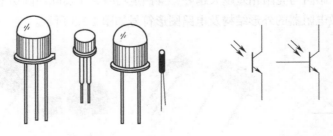

(a)光电晶体管外形   (b)电路图形符号

图 1.3.5 常见的几种光电晶体管外形及电路图形符号

 操作分析

操作分析 1 热敏电阻器的检测

由于热敏电阻器对温度的敏感性高，所以不宜用万用表来测量它的阻值，因为万用表的工作电流较大，电流流过热敏电阻器会使其发热而使阻值发生变化，因此用万用表只能检测热敏电阻器的好坏。下面以 MF72 型热敏电阻器为例说明其检测方法，如图 1.3.6 所示。

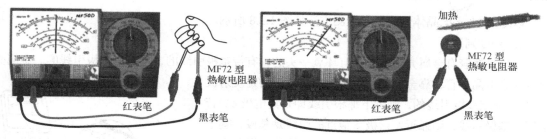

图 1.3.6 热敏电阻器的检测方法

① 把指针式万用表的电阻挡调至适当挡位（视热敏电阻器标称阻值来确定挡位）。

② 用鳄鱼夹代替表笔分别夹住热敏电阻器的两根引线。

③ 用手握住热敏电阻器的电阻体或用电烙铁靠近热敏电阻器对其加热。

④ 观察万用表指针在热敏电阻器加热前后的变化情况，若指针无明显变化，则热敏电阻器已失效；若指针变化明显，则热敏电阻器可以使用。

操作分析 2 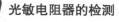 光敏电阻器的检测

由于光敏电阻器的阻值是随照射光的强弱而发生变化的，且它与普通电阻器一样也没有正负极性，如 MG41-23 型光敏电阻器的亮阻≤5kΩ，暗阻≥5MΩ，因此可以用指针式万用表的 R×10k 挡检测光敏电阻器的阻值变化情况来判断其性能好坏，具体方法如下。

① 将指针式万用表置于 R×10k 挡。

② 用鳄鱼夹代替表笔分别夹住光敏电阻器的两根引线。

③ 用一只手反复作遮住光敏电阻器的受光面，然后移开的动作。

④ 观察万用表指针在光敏电阻器的受光面被遮住前后的变化情况，若指针偏转明显，则光敏电阻器性能良好；若指针偏转不明显，则将光敏电阻器的受光面靠近电灯，以增加光照强度，同时再观察万用表指针的变化情况，如指针偏转明显，则光敏电阻灵敏度较低，如指针无明显偏转，则说明光敏电阻器已失效。

操作分析 3 光电二极管的检测

以 2CU1A 光电二极管为例，检测方法如图 1.3.7 所示。

1. 极性判别

首先应在无光照的条件下用指针式万用表 R×1k 挡检测光电二极管的正负极性，检测方法同普通二极管的检测。

2. 性能检测

使光电二极管处于反向工作状态，即万用表黑表笔接光电二极管的负极，红表笔接其正极。在没有光照射时，其阻值应在几百千欧姆以上；当有光照射时，其阻值则会大大降低。若有无光照，阻值变化不大，则被测光电二极管已损坏。

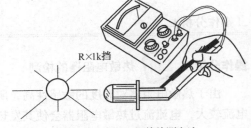

图 1.3.7　光电二极管检测方法

操作分析 4　　光电晶体管的检测

以 3DU11 光电晶体管为例，检测方法如图 1.3.8 所示。

1. 极性判别

光电晶体管有金属壳封装的，有环氧平头的，有带基极引线的，也有无基极引线的。金属壳封装的光电晶体管，靠金属壳管帽下沿凸块最近的是发射极 e，若该管无基极引线的，则剩下那根引线即是集电极 c。若该管有基极引线，则靠近发射极 e 最近的引线是基极，剩下一根引线就是集电极 c。环氧平头式光电晶体管或微型光电晶体管，这两种光电晶体管只有两根长短不一的引线，长的为发射极 e，短的为集电极 c。

2. 性能检测

将指针式万用表置于 R×1k 挡，黑表笔接集电极 c，红表笔接发射极 e，在无光照时，万用表所测得阻值应为几百千欧姆；在受光照时，阻值应为几千欧姆甚至更低。若阻值变化不大，则光电晶体管已损坏。

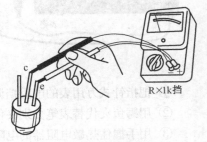

图 1.3.8　光电晶体管检测方法

技能训练　　传感元器件检测

1. 训练目标

① 熟悉热敏电阻器、光敏电阻器、光电二极管、光电晶体管等几种敏感元器件的外形和电路符号。

② 了解热敏电阻器、光敏电阻器、光电二极管、光电晶体管等几种敏感元件器的基本作用。

③ 掌握用指针式万用表检测热敏电阻器、光敏电阻器、光电二极管、光电晶体管等几种敏感元器件性能质量的方法。

2. 训练器材与工具

（1）训练器材

① MF11 和 MF12 热敏电阻器各 1 只。

② MG41-23 和 MG41-24 光敏电阻器各 1 只。

③ 2DUA 和 2CU1 光电二极管各 1 只。

④ 3DU912A 和 3DU912B 光电晶体管各 1 只。

（2）工具

指针式万用表 1 块。

3. **训练内容与步骤**

（1）用指针式万用表检测

① 热敏电阻器的性能质量。

② 光敏电阻器的性能质量。

③ 光电二极管的性能质量。

④ 判别光电晶体管的电极以及检测光电晶体管的性能质量。

（2）步骤按编号以升序方式逐一检测。

4. **训练要求**

① 所有检测内容必须独立完成。

② 用指针式万用表检测热敏电阻器、光敏电阻器、光电二极管、光电晶体管的性能质量，并将有质量问题的元器件按表 1.3.1 中内容要求填入表中。

表 1.3.1 传感元件检测

编　号	名　　称	检测中出现的问题
	MF11 热敏电阻器	
	MF12 热敏电阻器	
	MG41-23 光敏电阻器	
	MG41-24 光敏电阻器	
	2DUA 光电二极管	
	2CU1 光电二极管	
	3DU912A 光电晶体管	
	3DU912B 光电晶体管	

➤ **训练评价**

将训练评价填入表 1.3.2 中。

表 1.3.2 传感元器件检测评价表

班　级		姓　名		学　号		得　　分	
工时定额		实用工时		起止时间：自　　时　　分至　　时　　分			
序　　号		项　目　检　查		配分比例	评　分　标　准		扣分
1		热敏电阻		20 分	1. 元器件损坏，每只扣 10 分 2. 检测结果错误，每只扣 10 分		
2		光敏电阻		20 分	1. 元器件损坏，每只扣 10 分 2. 检测结果错误，每只扣 10 分		
3		光电二极管		20 分	1. 元器件损坏，每只扣 10 分 2. 检测结果错误，每只扣 10 分		
4		光电晶体管		40 分	1. 元器件损坏，每只扣 20 分 2. 电极判别错误，每只扣 10 分 3. 检测结果错误，每只扣 10 分		
指导老师签字							

任务四 电声器件和压电器件的简易检测

话筒和扬声器是电声器件，石英晶体和陶瓷元件是压电器件。了解常用电声器件的工作原理，石英晶体、陶瓷元件的用途及其质量性能的检测方法，是本任务主要的学习内容。

└ 基础知识 ┘

知识链接1 常用电声器件

电声器件是一种电声换能器，它可以将电能转换成声能，或者将声能转换成电能。电声器件包括传声器、扬声器、耳机等。由于电声器件种类繁多，这里仅对一些应用最广泛的电声器件作介绍。

1. 驻极体电容式传声器

传声器俗称话筒，驻极体传声器是一种用驻极体材料制成的话筒，具有体积小、噪声小、频带宽、灵敏度高等特点，被广泛应用于录音机、助听器、无线话筒等电子产品中。话筒的文字符号是 BM。

驻极体话筒由声电转换系统和场效应管放大器组成，其原理图如图 1.4.1（a）所示，普通型的振膜驻极体话筒的实体剖视图如图 1.4.1（b）所示。由于驻极体话筒是一种高阻抗器件，不能直接与音频放大器匹配，使用时必须采用阻抗变换，使其输出阻抗呈低阻抗，因此在话筒内接入一只输入阻抗高、噪声系数小的结型场效应晶体管作阻抗变换。驻极体话筒的电路图形符号如图 1.4.1（c）所示，其外形如图 1.4.1（d）所示，常见的型号有 CRZ2-1、CRZ2-9、CZN-15D 等。

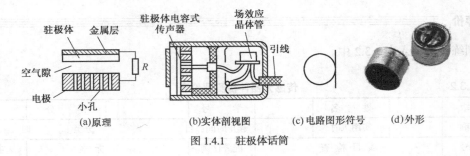

(a)原理　　　　　(b)实体剖视图　　　(c)电路图形符号　　　(d)外形

图 1.4.1 驻极体话筒

2. 动圈式传声器

动圈式传声器，俗称动圈式话筒，是一种最常用的传声器。它由磁铁、音圈、振膜、升压变压器等组成，其外形、内部结构及电路图形符号如图 1.4.2所示。当有声音时，振膜随着声波而振动，从而带动音圈在磁场中做切割磁力线运动，线圈两端产生感应音频电动势，实现了声能—机械能—电能的转换，将声能变成了电信号。

动圈式话筒具有稳定可靠、使用方便、固有噪声小等特点，多用于语言广播和扩声系统中。动圈式话筒的主要技术指标有频率响应、灵敏度、输出阻抗、指向性等。

动圈式话筒的频率响应范围显然是越宽越好，但频率响应范围越宽，其价格也越高。普通动圈式话筒的频率响应范围多在 100～10 000Hz，品质优良的话筒其频率响应范围可达 20～20 000Hz。

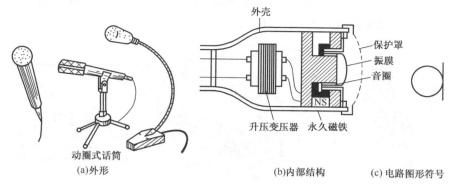

图 1.4.2　动圈式话筒

动圈式话筒的灵敏度是指话筒将声音信号转换成电压信号的能力，话筒的灵敏度常用分贝（dB）来表示。通常话筒灵敏度越高，话筒的质量就越好。

动圈式话筒的输出阻抗有高阻抗和低阻抗两种。高阻抗话筒的输出阻抗有 10kΩ、20kΩ，低阻抗的输出阻抗有 200Ω、250Ω、600Ω，常用的是 600Ω 的动圈式话筒。

动圈式话筒的指向性是其灵敏度与声波入射方向的特性，通常可分为全指向性话筒、单向指向性话筒、双向指向性话筒和近讲话筒。

话筒的选用：通常在对音质要求不高的场合（如会议扩音等）所使用的话筒，可以选用驻极体话筒或选用普通动圈式话筒；当说话人位置不移动且与扬声器距离较近时，应选用单方向性、灵敏度较低的传声器，以减少杂音干扰及防止啸叫；在对音质要求高的场合（如高质量的录音等）所使用的传声器，可以选用高级动圈式话筒或其他高品质的话筒。此外，话筒的阻抗匹配问题也是必须重点加以考虑的。

3. 电动式扬声器

电动式扬声器又称喇叭，是一种电声器件，它将模拟的语音电信号转化成声波，是音响设备中的重要器件。

电动式扬声器可分为电动式锥盆扬声器、电动式号筒扬声器和球顶式扬声器。在实际中，使用最为广泛的是电动式锥盆扬声器。电动式锥盆扬声器中的音圈被均匀地插入到磁缝隙中，当音频电流通过音圈时，音圈中就会产生随音频电流变化的磁场，由于音圈磁场和磁体的磁场相互吸引和相互排斥作用，就产生了一种向前或向后的力，使音圈沿轴向做来回运动。音圈的运动推动了锥盆的振动，锥盆的振动又激励了周围空气的振动，使扬声器周围的空气密度发生变化，从而产生了声音。电动式扬声器及电路图形符号如图 1.4.3 所示。

扬声器的主要技术指标有额定功率、标称阻抗、频率响应和灵敏度。

扬声器的额定功率是指扬声器在不失真范围内的最大输入功率。在扬声器的铭牌和技术说明书上标注的功率即为该功率值。常用扬声器的功率有 0.25W、1W、2W、3W、5W、10W、60W、120W 等。

扬声器的标称阻抗又称额定阻抗，是在某一特定工作频率（通常为 1kHz）时在输入端测得的阻抗值，通常由生产厂商在产品商标铭牌上标明。一般扬声器的额定阻抗为 4Ω、8Ω、16Ω、32Ω 等。

扬声器的频率响应又称有效频率范围，是指扬声器重放声音的有效工作频率范围。国产普通纸盆扬声器（外形尺寸为 130mm 或 5in）的频率响应大多为 120~10 000Hz，相同尺寸的橡皮边或泡沫边扬声器的频率响应可达 55Hz~21kHz。

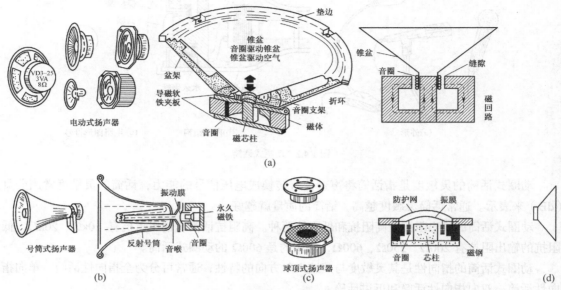

图 1.4.3　电动式扬声器及电路图形符号

扬声器的灵敏度是指当输入扬声器的功率为 1W 时，在轴线上 1m 处测出的平均声压即扬声器的灵敏度。

选用扬声器时，不仅要考虑扬声器的额定阻抗应与电路功放的输出阻抗相等、额定功率应大于电路功放输出功率的 1.2 倍，还应考虑扬声器的工作频率范围，以及扬声器的价格因素等。

4. 耳机

耳机又称耳塞，也是一种能将电能转换为声能的电声转换器。耳机和扬声器相同都能用来重放声音，它们之间的区别是，扬声器向自由空间辐射能量，而耳机则仅在一个小的空腔内形成声压，它既无声波间的相互干扰，又不受空间限制和"混响"的影响。因此，用耳机重放真实声场给人耳鼓膜的声压，在物理性能上比用扬声器重放效果要好。人耳听觉的频率范围一般是在 20Hz~20kHz，高保真耳机的频率响应范围通常为 50Hz~12.5kHz，已能够满足人们收听一般音乐的要求，而高品质的耳机更是可达 5Hz~40kHz，它绝对能够满足人们对收听高品质音乐的需求。

耳机按换能原理可分为电动式（又称动圈式）、压电式、静电式等。它的发声原理与电动式扬声器相同，即在磁体的恒定磁场下，音频电流通过音圈带动振膜振动而发声。

电动式耳机可分为高阻抗、低阻抗两种，一般高阻抗（200Ω 以上）用于影碟机、功放等电器设备；低阻抗（8Ω、16Ω、32Ω 等）用于随身听等各种播放器，这也是人们最常用的耳机。常见电动式耳机及电路图形符号如图 1.4.4 所示。

5. 压电陶瓷蜂鸣片

压电陶瓷蜂鸣片由压电陶瓷片和金属振动板黏合而成，它与一般扬声器相比，具有体积小、重量轻、厚度薄、耗电省、可靠性好、造价低廉等特点，被广泛应用于移动电话机、计算器、玩具、门铃、电子手表以及各种报警装置中。

蜂鸣片的结构外形及电路图形符号如图 1.4.5 所示，当蜂鸣片的两个电极加入音频电压信号后，使其以音频频率作机械振动的同时推动周围空气的振动，并借助于助声腔的作用发出响声。为了增加声压及获得优美的声音，通常将压电陶瓷蜂鸣片装入谐振腔体内，形成压电陶瓷蜂鸣器。

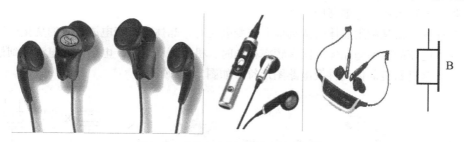

图 1.4.4　常见电动式耳机及电路图形符号

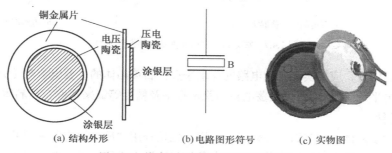

(a) 结构外形　　　　(b) 电路图形符号　　　(c) 实物图

图 1.4.5　蜂鸣片结构外形及电路图形符号

6. 蜂鸣器

蜂鸣器主要分为压电式蜂鸣器和电磁式蜂鸣器两种类型。压电式蜂鸣器主要由多谐振荡器、压电蜂鸣片、阻抗匹配器及共鸣箱、外壳等组成。电磁式蜂鸣器由多谐振荡器、电磁线圈、磁铁、振动膜片、外壳等组成。多谐振荡器由晶体管或集成电路构成。常见的蜂鸣器外形如图 1.4.6 所示。

图 1.4.6　蜂鸣器外形图

与扬声器不同的是，蜂鸣器只能发出单一的音频。不论输入蜂鸣器的是交流电压还是直流电压，只要达到蜂鸣器的额定电压（有 3V、5V、12V 等多种规格），它就会发出声响。即便改变输入的电压或频率，蜂鸣器也只能发出一个频率的声音。

选用压电式蜂鸣器时，应根据其实际使用的场合和要求来选取其外形，根据其讯响度及讯响频率来确定蜂鸣片的直径、助声腔与外壳尺寸。

知识链接 2 石英晶体与陶瓷元件

1. 石英晶体

石英晶体一般由石英晶片、支架、电极、引线、外壳等构成。

石英晶体振荡器是利用石英晶体的"压电效应"制成的一种频率元件。石英晶体在电路中主要利用其品质因素（Q值）高、性能稳定可靠、不受外界气候的影响等优点，稳定振荡电路的频率或代替 LC 谐振回路，作选频元件，广泛应用于如石英钟表的时基振荡器、数字电路中的脉冲信号发生器、各种遥控器等电路中。

石英晶体振荡器是利用晶体的两端加上交变电压时，晶体随交变电压信号的变化而产生机械振动。若交变电压的频率与晶体的固有频率相同时，机械振动最强，电路中的电流达到最大，电路产生谐振。常见石英晶体元件及电路图形符号如图 1.4.7 所示。

(a) 石英晶体振荡器实物图　　　　　　　　　　(b) 电路图形符号

图 1.4.7　常见石英晶体元件及电路图形符号

选用石英晶体时，应按实际应用电路的要求来选择石英晶体的主要电参数（如标称频率、负载电容、激励电平等），然后根据振荡电路的稳定频率及精度等级来选取石英晶体。

2. 陶瓷元件

陶瓷元件为多晶体，它与石英晶体元件一样，也是利用"压电效应"制成的一种频率元件。陶瓷元件由锆钛酸铅陶瓷材料制成薄片，并在薄片两边涂上银层，然后在银层上做电极引线，最后用塑料或复合材料封装而成。陶瓷元件的基本结构、工作原理、特性、等效电路等与石英晶体元件相似。

陶瓷元件按用途和功能可分为陶瓷滤波器、陶瓷陷波器、陶瓷鉴频器、陶瓷谐振器等；按其引出电极的数目可分为两电极、三电极及四电极以上的多电极陶瓷元件。

陶瓷元件的选用与选用石英晶体相似，其外形及电路图形符号如图 1.4.8 所示。

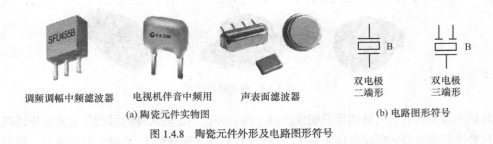

调频调幅中频滤波器　　　电视机伴音中频用　　　声表面滤波器

(a) 陶瓷元件实物图　　　　　　　　　　　(b) 电路图形符号

图 1.4.8　陶瓷元件外形及电路图形符号

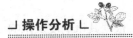┘ 操作分析 ┕

操作分析 1　　驻极体话筒性能的简易检测

驻极体话筒的输出端有 2 个连接点（如 CZN-15D）和 3 个连接点（如 CZN-15E），如图 1.4.9 所示。输出端为两个接点的，其外壳、驻极体和结型场效应晶体管的源极 S 相连为接地端，余下的一个接点为漏极 D；输入端为 3 个接点的，漏极 D、源极 S 与接地电极分开呈 3 个接点，检测方法如图 1.4.10 所示。

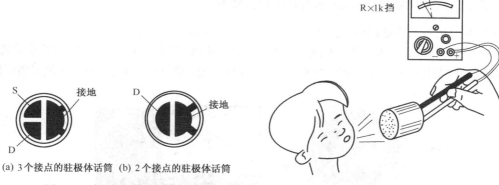

(a) 3个接点的驻极体话筒　(b) 2个接点的驻极体话筒

图 1.4.9　常见驻极体话筒接线图

图 1.4.10　驻极体话筒的简要检测

1. 输出端有 2 个接点的驻极体话筒的检测

以 CZN-15D 驻极体话筒为例。

将指针式万用表置于 R×1k 挡，把黑表笔接在漏极 D 接点上，红表笔接在接地点上，并用嘴吹话筒的同时观察万用表指针变化情况。若指针无变化，则话筒失效；若指针出现摆动，则话筒工作正常，摆动幅度越大，说明话筒的灵敏度越高。

2. 输出端有 3 个接点的驻极体话筒的检测

以 CZN-15E 驻极体话筒为例。

先对除接地点以外的另两个接点作极性判别，即将指针式万用表置于 R×1k 挡，并将两根表笔分别接在两个被测接点上，读出万用表指针所指的阻值。

交换表笔重复上述操作，又可得另一个阻值。比较两阻值的大小，阻值小的一次操作，黑表笔接的为源极 S，红表笔接的则为漏极 D。然后保持万用表 R×1k 挡不变，将黑表笔接在漏极 D 接点上，红表笔接源极 S 并同时接地，再做与有两个输出接点的驻极体话筒检测的操作。

操作分析2　动圈式话筒的简易检测

以 CD3-1 低阻抗话筒、CD2-1 高阻抗话筒为例。

测低阻抗话筒时，将指针式万用表置于 R×1 挡；测高阻抗话筒时，将指针式万用表置于 R×100 挡或 R×1k 挡，其检测示例如图 1.4.11 所示。将两根表笔分别接触动圈式话筒的芯线与屏蔽线，话筒中应发出轻脆的 "咯咯"声（用 R×1k 挡时，声音小些）。若万用表指针指示为 "0"、"∞" 或话筒无声，则表明该动圈式传声器有故障。

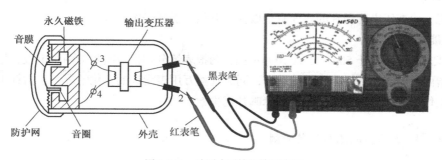

图 1.4.11　动圈式话筒的简要检测

操作分析 3 **电动式锥盆扬声器性能的简易检测**

以 YD-80 电动式锥盆扬声器为例。

将指针式万用表置于 R×1 挡，检测示例如图 1.4.12 所示。当两根表笔分别接触扬声器音圈引出线的两个接线端时，能听到明显的"咯咯"声响，表明音圈正常。声音越响，扬声器的灵敏度越高。

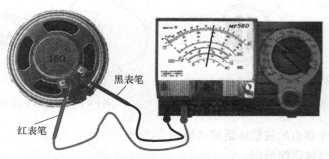

黑表笔

红表笔

图 1.4.12　扬声器的简易检测

由于扬声器的额定阻抗通常为直流阻抗的 1.2 倍左右，因此可以通过测量扬声器的直流阻抗与扬声器额定阻抗除以 1.2 的值作比较。若被测扬声器的直流阻抗过小，则说明音圈局部有短路现象；若被测扬声器的直流阻抗为零，则音圈完全短路；若被测扬声器无声，但直流阻抗属正常范围，则音圈可能因变形而被卡了；若被测扬声器无声且万用表指针无偏转，则很有可能是扬声器音圈引出线开路或音圈已烧断。

操作分析 4 **电动式耳机的检测**

以 EDL-1 电动式耳机为例。

将指针式万用表置于 R×1 挡，用任一根表笔接触耳机插头根部的金属部分（即双声道耳机的公共端），另一根表笔接触耳机插头的头部（双声道耳机则分别接触耳机插头的中段金属部分和头部）。耳机正常时应能听到耳机内发出的"咯咯"声响。声音越响，则耳机的灵敏度就越高；若无声，则可能是音圈开路或耳机与插头的连线断路。

操作分析 5 **压电蜂鸣器的检测**

以 YF-35 压电蜂鸣器为例。

1. 外观检查

从外观上检查压电陶瓷片的表面有否破损、开裂，引线是否脱焊。

2. 性能检测

将指针式万用表置于 50μA 挡或 100μA 挡，两根表笔分别接蜂鸣片的两个电极，且平放蜂鸣片，用手指面对陶瓷片做轻压、轻放动作，同时观察万用表指针的变化情况。若指针出现摆动，则蜂鸣片工作正常；若指针无变化，则蜂鸣片已失效。

操作分析 6 **石英晶体的简易检测**

以 SA22 石英晶体为例。

将指针式万用表置于 R×10k 挡，两根表笔分别与晶体的两电极接触，如图 1.4.13 所示，同时观察万用表指针的变化情况。在正常情况下万用表指针应指在"∞"处，即指针不动。若万用表指针在"∞"处略有摆动，则说明被测晶体有漏电现象或者电极与晶体有接触不良现象。因为接触不良相当于电极在晶体上划动，根据压电效应会产生电流，所以万用表指针会产生轻微摆动；若万用表指针有一定值偏转，则被测晶体严重漏电；若万用表指针指向零，则晶体已被击穿损坏。

陶瓷元件的检测方法与石英晶体的检测方法相同，这里不再赘述。

图 1.4.13 石英晶体的简易检测

 **技能训练** 常用电声器件、石英晶体、陶瓷元件的检测

1. 训练目标
① 了解电声器件的工作过程。
② 掌握常用电声器件性能的简易检测方法。
③ 掌握石英晶体、陶瓷元件的简易检测方法。

2. 训练器材与工具
（1）训练器材
① CZN-15D、CZN-15E 驻极体话筒各 1 只。
② YD005、YD05 电动式锥盆扬声器各 1 只。
③ EDL-1D、HP-200I 电动式耳机各 1 副。
④ HTD-15、HTD-27 陶瓷蜂鸣片各 1 片。
⑤ LTW10.7M、LTW465K 陶瓷元件各 1 只。
（2）工具
指针式万用表 1 块。

3. 训练内容与步骤
（1）用指针式万用表简易检测
① 驻极体话筒的质量性能。
② 电动式锥盆扬声器的质量性能。
③ 电动式耳机的质量性能。
④ 陶瓷蜂鸣片的质量性能。
⑤ 陶瓷元件的质量性能。

（2）步骤

按编号从小到大进行逐一检测。

4. 训练要求

① 所有检测内容必须独立完成。

② 将检测中有质量问题的元器件按表 1.4.1 中内容要求填入表中。

表 1.4.1　　　　　　　常用电声器件、石英晶体、陶瓷元件的简易检测

编　号	名　称	检测中出现的质量问题
	CZN-15D 驻极体话筒	
	CZN-15E 驻极体话筒	
	YD005 电动式锥盆扬声器	
	YD05 电动式锥盆扬声器	
	EDL-1D 电动式耳机	
	HP-200I 电动式耳机	
	HTD-27 陶瓷蜂鸣片	
	HTD-15 陶瓷蜂鸣片	
	LTW10.7M 陶瓷元件	
	LTW465K 陶瓷元件	

▶ **训练评价**

将训练评价填入表 1.4.2 中。

表 1.4.2　　　　　　常用电声器件、石英晶体、陶瓷元件的简易检评价表

班　级		姓　名		学　号		成　绩	
工时定额		实用工时		起止时间：自　时　分至　时　分			
序　号	项目检查		配分比例	评分标准			扣分
1	驻极体话筒		20 分	检测结果错误，每只扣 10 分			
2	电动式锥盆扬声器		20 分	1. 损坏锥盆，每只扣 10 分 2. 检测结果错误，每处扣 10 分			
3	电动式耳机		20 分	检测结果错误，每处扣 10 分			
4	陶瓷蜂鸣片		20 分	检测结果错误，每处扣 10 分			
	陶瓷元件		20 分	检测结果错误，每处扣 10 分			
指导老师签字							

任务五　认识表面安装元器件

表面安装元件（SMC）和表面安装器件（SMD）简称贴片元器件，又称片式元件。它是一种无引线或极短引线的小型元器件，可直接贴、焊到印制电路板表面规定位置上，是表面安装技术（SMT）的专用器件。

贴片元器件具有尺寸小、重量轻、安装密度高、可靠性好、高频特性好、抗干扰能力强、易于实现自动化等特点。贴片元器件主要用于计算机、通信、工业自动化、航天、航空、汽车电子及消费类电子产品中。

 基础知识

知识链接 1 初识贴片元器件

贴片元器件按其形状可分为矩形、圆柱形和异形 3 类。

贴片元器件按功能可分为贴片无源元器件、贴片有源元器件和贴片机电器件 3 类。贴片无源元器件，如片式电阻器、电容器、电感器，如表 1.5.1 所示；贴片有源元器件，如小外形晶体管及方形扁平封装组件，如表 1.5.2 所示；贴片机电器件，如表 1.5.3 所示。

表 1.5.1 贴片无源元器件

元 件 名 称	形 状	特点及说明
贴片电阻		厚膜电阻器、薄膜电阻器、热敏电阻器 阻值一般直接标注在电阻器的其中一面，黑底白字 焊接温度一般为 235℃±5℃，焊接时间为 3s±1s
贴片电容		铝、钽电解电容器；多层陶瓷、云母、有机薄膜、陶瓷微调电容器等 贴片矩形电容器的都没有印刷标注，贴装时无朝向性 电解电容器的标注打在元件上，有横标端为正极
贴片电位器（矩形）		电位器、微调电位器 高频特性好，使用频率可超过 100MHz，最大电流为 100mA
片状电感（矩形）		线绕电感器、叠层电感器、可变电感器 电感内部采用薄片型印制式导线，呈螺旋状
贴片复合元件（滤波器）		电阻网络、多层陶瓷网络滤波器、谐振器

表 1.5.2 贴片有源元器件

元 件 名 称	形 状	特点及说明
贴片二极管		模型稳压、模型整流、模型开关、模型齐纳、模型变容二极管 根据管内所含二极管的数量及连接方式，有单管、对管之分；对管中又分共阳、共阴、串接等方式
贴片三极管		模塑型 NPN、PNP 晶体管，模塑型场效管，模塑无极晶体管 有普通管、超高频管及达林顿管多种类型
贴片集成电路		有双列扁平封装、方形扁平封装、塑封有引线芯片载体和针删与焊球阵列封装，注意利用标注来确认管脚的排列方法

表 1.5.3 贴片机电器件

元 件 名 称	形 状	特点及说明
继电器		线圈电压 DC 4.5V～4.8V 额定功率 200μW 触点电压 AC 125V，2A
开关（旋转式）		开关电压 15V，寿命 20 000 步 电流 30mA
连接器（芯片插座）		引线数 68～132

知识链接2 **贴片元器件特点**

1. 表面安装技术的主要特点

表面安装元器件，无论是有源元器件还是无源元器件，都与传统的通孔插装元器件相同，它们的区别在于封装。

① 贴片元器件体积很小，重量轻，能进行高密度组装，使电子设备小型化、轻量化和薄型化。

② 由于贴片元器件无引脚或引脚很短，减少了寄生电感和电容，不但高频特性好，有利于提高使用频率和电路速度，而且贴装后几乎不需要调整。

③ 贴片元器件形状简单、结构牢固、紧贴着电路板上，不怕振动、冲击。

④ 尺寸和形状标准化，适合自动贴装机进行自动贴装。

2. 表面安装元器件的包装形式

表面安装元器件的包装形式已经成为 SMT 系统中的重要环节，其包装形式主要有 4 种，即编带、管装、托盘和散装。

（1）编带包装

贴片电阻和电容一般做在 8mm 的编带上，每圈大约容纳 4 000 片。二极管和晶体管也采用编带形式。编带包装是应用最广泛、时间最久、适应性强、贴装效率高的一种包装形式，已经标准化。

（2）管式包装

管式包装主要用来包装矩形贴片电阻器、电容器及某些异形和小型器件，主要用于 SMT 元器件品种多、批量小的场合。包装时将元器件按同一方向重叠排列后依次装入塑料管内，每管一般装入 100～200 只。

（3）托盘包装

托盘包装是用矩形隔板使托盘按规定的空腔等分，再将器件逐一装入盘内，一般每盘装入 50 只。

（4）散装

散装是将贴片元器件自由地封入成形的塑料盒或袋内。

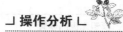 **操作分析**

操作分析1 **贴片电阻器识读**

贴片电阻器的阻值一般直接标注在电阻器的其中一面，黑底白字。焊接温度一般为 235℃±5℃，焊接时间为 3s±1s。

1. 3 位数字标注法

标注：□ □ □（单位为Ω）

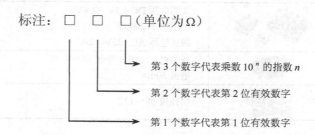

第 3 个数字代表乘数 10^n 的指数 n

第 2 个数字代表第 2 位有效数字

第 1 个数字代表第 1 位有效数字

示例如图 1.5.1 所示。

913 表示 $91 \times 10^3 = 91\text{k}\Omega$　　　121 表示 $12 \times 10^1 = 12\Omega$　　　100 表示 $10 \times 10^0 = 10\Omega$

图 1.5.1　贴片电阻器的标注法之一

2. 两位数字后加 R 标注法

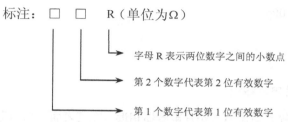

标注：□　□　R（单位为 Ω）

字母 R 表示两位数字之间的小数点

第 2 个数字代表第 2 位有效数字

第 1 个数字代表第 1 位有效数字

示例如图 1.5.2 所示。

图 1.5.2　贴片电阻器的标注法之二

标注　　　电阻值
5 1 R　　　$5+0.1=5.1\Omega$
1 0 R　　　$1+0.0=1.0\Omega$

3. 两位数字中间加 R 标注法

标注：□　R　□（单位为 Ω）

末尾数字表示小数点后有效数字

R 表示前后两个数字之间的小数点

第 1 个数字代表第 1 位有效数字

示例如图 1.5.3 所示。

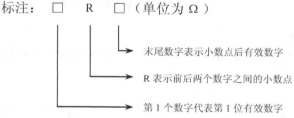 

图 1.5.3　贴片电阻器的标注法之三

标注　　　电阻值
9 R 1　　　$9+0.1=9.1\Omega$
1 R 2　　　$1+0.2=1.2\Omega$

4. 贴片排阻

贴片排阻是多个电阻器按一定电路规律封装在一起的元件，又称为网络电阻。贴片排阻内的各电阻器其阻值大小相等，常用于一些电路结构相同、电阻值相同的电路中，其外形如图 1.5.4 所示。

图 1.5.4　贴片排阻的外形

操作分析 2　贴片电容器识读

矩形有机薄膜电容器和陶瓷电容器常用数码法标注，默认单位为 pF（电解电容器除外）。

示例：100 表示　100pF

105 表示　100nF

333 表示　33000pF=33nF=0.033μF

操作分析 3　贴片电感器识读

贴片电感器外形与贴片电阻器、贴片电容器相近，在其表面层采用字母数字混标法或 3 位数表示法标出电感器的标称值。

1．3 位数表示法

3 位数表示法中，前 2 位为有效数字，第 3 位为倍乘，默认单位为 μH。

示例如图 1.5.5 所示。

101 表示 100μH　　270 表示 27μH　　100 表示 10μH　　391 表示 390μH

图 1.5.5　贴片电感器 3 位数标注法示例

2．字母数字混标法

小功率电感量的代码有 nH 及 μH 两种单位，分别用 N 或 R 表示小数点。

示例如图 1.5.6 所示。

  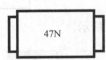

4R7 表示 4.7μH　　30R9 表示 30.9μH　　47N 表示 47nH

图 1.5.6　贴片电感器字母数字混标法示例

有时大功率电感上印有 100K、331K 字样，如图 1.5.7 所示，分别表示 10μH 和 330μH。

100K 表示 10μH　　331K 表示 330μH

图 1.5.7　贴片电感器标注示例

操作分析 4 贴片晶体管

1. 贴片二极管

贴片二极管一般不打印出型号，而打印出型号代码或色标，这种型号代码由企业自定，并不统一。图 1.5.8 所示为两引线封装二极管，其顶面 M4 表示型号代码。图 1.5.9 所示的 N、N20、P1 分别表示型号代码。图 1.5.10 所示为贴片二极管的结构示意图。

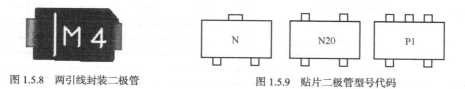

图 1.5.8 两引线封装二极管

图 1.5.9 贴片二极管型号代码

2. 贴片晶体管

贴片晶体管有 3 个很短的引脚，分布成两排。其中一排只有一个引脚的为集电极，其他两根引脚分别是基极和发射极，如图 1.5.11 所示。

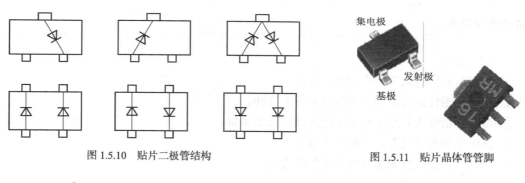

图 1.5.10 贴片二极管结构

图 1.5.11 贴片晶体管管脚

技能训练 贴片元器件识别

1. 训练目标

熟悉按贴片电阻器、电容器和电感器的外标志判读标称阻值、容量和电感量。

2. 训练器材

（1）贴片电阻器 5 只。

要求：贴片电阻器采用 任务操作分析 1 中的 3 种标注法。

（2）贴片电容器 5 只。

要求：贴片电容器采用 任务操作分析 2 中的 3 种标注法。

（3）贴片电感器 5 只。

要求：贴片电感器采用 任务操作分析 3 中的 2 种标注法。

3. 训练内容

根据技能训练表中的要求，判读各贴片元器件的标称值，并说明采用标注法的名称，将判断结果填入表 1.5.4 中。

表 1.5.4   技能训练表

元件名称	元件标注内容	判读结果		采用标注法名称	备　注
		标　称　值	单　位		
贴片电阻器					
贴片电容器					
贴片电感器					

⌐技能综合训练 ∟

1. 训练目标

① 熟练掌握指针式万用表的使用方法。

② 掌握用指针式万用表检测特殊半导体器件。

③ 学会用指针式万用表检测机电元件的性能质量。

④ 熟练掌握数字式万用表的使用方法。

⑤ 掌握晶体管特性图示仪的基本使用方法。

2. 训练器材与工具

（1）训练器材

① CD01-10μF-25V、CD11-47μF-16V 电解电容器各 1 只。

② KCX 型旋转式波段开关 1 只。

③ BCM1AM 双向晶闸管 1 只。

④ S9012、S9013 晶体管各 1 只。

⑤ HTD-27 压电蜂鸣片 1 片。

⑥ 分立元件调幅式收音机 1 台。

（2）训练工具

① 指针式万用表 1 块。

② 数字式万用表 1 块。

③ 晶体管特性图示仪 1 台。

3. 训练内容与步骤

（1）用指针式万用表检测

① 比较两只电解电容器的漏电大小。

② 旋转式波段开关性能质量。

③ 双向晶闸管的性能质量。

④ 压电蜂鸣片的性能质量。

（2）用数字式万用表测量

① 分立元件调幅式收音机静态工作总电流。

② 晶体管各电极静态工作电压。

（3）用晶体管特性图示仪测量

① S9012 晶体管的 $\overline{\beta}$ 值、β 值和 $U_{(BR)CEO}$ 值。

② S9013 晶体管的 $\overline{\beta}$ 值、β 值和 $U_{(BR)CEO}$ 值。

（4）训练步骤

按训练内容序号由小到大进行检测。

4. 训练要求

① 所有训练内容必须独立完成。

② 将所有指针式万用表的检测内容按表 1.5.5 中所示内容填入检测方法。

表 1.5.5　　　　　　　　　　用指针式万用表检测一组元器件

检 测 内 容	检 测 结 果	检 测 方 法
比较 10μF、47μF 漏电大小		
KCX 型旋转式波段开关		
BCM1AM 双向晶闸管		
HTD-15 压电蜂鸣片		

③ 将静态工作总电流、晶体管 VT1 的静态工作电压及测量方法填入表 1.5.6 中。

表 1.5.6　　　用数字式万用表测量收音机的静态工作总电流及 VT1 的静态工作电压

测量内容（单位）	结果（单位）	测 量 方 法
$I_总$（mA）		
V_e（V）		
V_b（V）		
V_c（V）		

④ 用晶体管特性图示仪测量晶体管 S9012、S9013 的 $\overline{\beta}$ 值、β 值和 $U_{(BR)CEO}$ 值，并将其填入表 1.5.7 中。

表 1.5.7　　　特性图示仪测量 S9012、S9013 晶体管的 $\overline{\beta}$ 值、β 值和 $U_{(BR)CEO}$ 值

晶 体 管	$\overline{\beta}$ 值	β 值	$U_{(BR)CEO}$ 值
S9012			
S9013			

将综合实训评价填入表 1.5.8 中。

表 1.5.8   **综合实训评价表**

班　级		姓　名		学　号		成　绩	
工时定额		实用工时		起止时间：自	时 分至	时	分
序　号	项目检查		配分比例	评分标准			扣分
1	比较电解电容器漏电大小		10 分	1. 检测结果错误，扣 5 分 2. 检测方法错误，扣 5 分			
2	旋转式波段开关性能检测		10 分	1. 检测结果错误，扣 5 分 2. 检测方法错误，每处扣 5 分			
3	双向晶闸管的性能检测		10 分	1. 检测结果错误，扣 5 分 2. 检测方法错误，每处扣 5 分			
4	压电蜂鸣片的性能检测		10 分	1. 检测结果错误，扣 5 分 2. 检测方法错误，每处扣 5 分			
5	静态工作总电流测量		10 分	1. 测量结果错误，扣 5 分 2. 检测方法错误，每处扣 5 分			
6	静态工作电压测量		20 分	1. 测量结果错误，每项扣 5 分 2. 检测方法错误，每处扣 5 分			
7	S9012 晶体管测量		15 分	测量结果误差在 ±5% 以上，每项扣 5 分			
8	S9013 晶体管测量		15 分	测量结果误差在 ±5% 以上，每项扣 5 分			
指导老师 签字							

项目小结

机械开关根据其闭合或断开状态可分为动断型开关和动合型开关两种。

二极管的结构可分为点接触型二极管、面接触型二极管和平面型二极管 3 种。

普通二极管的主要参数有额定正向整流电流、最高反向工作电压、最大反向漏电流、最高工作频率等。

晶体管主要参数有直流参数（共发射极直流电流放大倍数、集电结反向截止电流、集电极 – 发射极反向截止电流）、交流参数（共发射极交流放大倍数、共基极交流放大倍数、特征频率）和极限参数（集电极 – 发射极击穿电压、集电极最大允许耗散功率）。

特殊半导体器件有场效应晶体管、晶闸管等几种。

集成电路封装形式有圆壳封装、扁平封装、单列直插式封装、双列直插式封装等几种。

常用开关可分为波动开关、按钮开关、旋转开关、微动开关、推动开关、钮子开关、触摸开关等。

连接器有高频连接器、低频连接器之分。

常用连接器有电路板连接器、条形连接器、圆形连接器、带状电缆连接器等。

常用发光二极管、指示灯泡、氖灯作为指示灯。

熔断器可分为插入式熔断器、塞式熔断器、熔断管和熔断电阻器。

常用的传感元件有热敏电阻、光敏电阻、光电二极管、光电晶体管等。

常用电声器件有话筒、扬声器和耳机。

石英晶体、陶瓷元件的主要参数有标称频率、工作温度范围、温度频差等。

贴片元器件是一种无引线或短引线的小型元器件，又称片状元件。其形状可分为矩形、圆柱形和异型。片状元器件按功能分为片状无源元器件、片状有源元器件和片状机电器件。片状元器件具有尺寸小、重量轻、安装密度高、可靠性好、高频特性好、抗干扰能力强等特点。

思考与练习

一、判断题（对写"✓"，错写"×"）

1. 贴片元器件不能用电烙铁作焊接工具。 （　　）

2. 贴片元器件是一种无引线小型元器件。 （　　）

3. 贴片元器件是电子产品发展的必然趋势。 （　　）

4. 二极管的结构有点接触型、面接触型和平面型 3 种。 （　　）

5. 变容二极管在反向工作电压下，结电容的大小与电压大小无关。 （　　）

6. 发光二极管可以用指针式万用表 R×1k 挡检测其性能好坏。 （　　）

7. 晶体管的直流电流放大倍数是 I_c 与 I_b 的比值。 （　　）

8. 绝缘栅型场效应管也称为 MOS 效应管。 （　　）

9. 用万用表能精确测量稳压管的稳定电压值。 （　　）

10. 单向晶闸管用负脉冲电压触发是不可能导通的。 （　　）

11. 双向晶闸管是无法用指针式万用表检测其电极的。 （　　）

12. 集成电路是指把电阻器、电容器、二极管、晶体管等元器件及连接导线制作在一块小小的硅片上，经封装后构成的具有某种功能的电路。 （　　）

13. 光电二极管的反向电阻值是不随光照强度的变化而变化的。 （　　）

14. 动圈式传声器又称驻极体话筒。 （　　）

15. 电动式扬声器的好坏是不能用指针式万用表来检测的。 （　　）

二、简答题

1. 贴片元器件有什么特点？

2. 贴片元器件按功能可分为哪几类？

3. 开关的"极"、"位"各指什么？

4. 常用指示灯泡有哪几种形状？

5. 常用的熔断器有哪几种？

6. 常用二极管有哪几种？

7. 变容二极管的特点是什么？

8. 其他半导体器件指哪几种半导体器件？

9. 集成电路封装形式有哪几种？试述集成电路的脚位判别方法。

10. 试述热敏电阻器的检测方法。

11. 试述光电二极管的检测方法。

12. 试述电动式扬声器的工作原理。

13. 试述动圈式耳机质量的简要检测方法。

14. 怎样检测压电蜂鸣片的好坏？

15. 试述陶瓷元件质量的检测方法。

項目二

电子产品装配工艺基础知识

随着现代生产技术的发展，电子产品的制作工艺越来越先进、越来越复杂，对生产过程中的工艺要求也越来越严格。工艺技术是工业生产的基础，没有坚实的基础是盖不起高楼大厦的。对初学者而言，认识和了解工艺文件的含义，熟悉印制电路板的测绘和设计简单印制电路板是必要的学习过程。

知识目标

- 理解工艺文件的重要性，熟悉工艺纪律。
- 了解工艺文件的文种及格式。
- 了解静电的产生与危害。

技能目标

- 正确理解工艺卡中规定的内容和要求。
- 能读懂工艺卡中的简图。
- 熟悉简单单面印制电路板的测绘。
- 掌握防静电工艺操作教程。

任务一　工艺文件的识读

"玉不琢，不成器"。钻石需经过精心打磨才能发出璀璨的光芒；和氏璧之所以能由一块外表粗砺的石头，变成为一块价值连城并引发一串历史的宝物，除了其本身材质，更取决于它的制作工艺——制造者对于材料的运用水平和加工水平。

工艺源自个人的手工技能和操作经验，但现代工业生产（包括电子产品的生产）的工艺已经不能如此简单地理解。现代生产实践中，一件电子产品，从原材料采购到产品销售，中间往往要经过几百几千道工序。工艺工作的着眼点，是采用合理先进的技术（工装、工具、设备等），拟定良好的工作方法（取消不必要的工艺，合并工序，调整工序顺序，简化工序等），改善工作环境，以使每一工序的操作简单、流畅、高效、低强度，以最低的代价制造出最优质的产品。

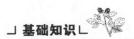

基础知识

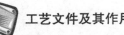

知识链接 1　工艺文件及其作用

工艺是指将相应的原材料、元器件、半成品等加工成为产品或半成品的方法和过程。工艺是人类在劳动过程中积累并经过总结提升的操作技术经验。

工艺文件是根据设计文件、图纸及生产定型样机，结合企业实际，如工艺流程、工艺装备、工人技术水平和产品的复杂程度而制定出来的文件。它以工艺规程（即通用工艺文件）和整机工艺文件的形式，规定了实现设计图纸要求的具体加工方法。

工艺文件是工业生产部门实施生产的技术文件。工艺文件是产品加工、装配、检验的技术依据，也是生产路线、计划、调度、原材料准备、劳动力组织、定额管理、工模具管理等的主要依据。只有建立一套完整的、合理且行之有效的工艺文件体系，企业才能实现优质、高效、低消耗和安全的生产，获得最佳的经济效益。

知识链接 2 工艺纪律

工艺纪律是工人操作的法规，提高劳动者的技能和严格工艺纪律才能确保产品的质量。企业员工必须按工艺规程进行操作，才能发挥出劳动者的技能和生产出符合要求的产品，这个工艺规程就是企业的工艺纪律。

① 坚持按工艺文件组织和实施生产，凡需改变工艺时，应按规定的各级审批权限和程序修订。

② 所有工装、生产设备均应保持精度和良好的技术状态，以满足生产技术要求。

③ 未经培训合格的新员工，不得顶岗工作。

④ 有关工序或工位的工艺文件应发放到生产工人手中，操作人员在熟悉操作要点和要求后才能进行操作。

⑤ 企业员工要坚持按标准、按图纸、按工艺进行操作。

⑥ 遵守各项规章制度，注意安全、文明生产，确保工艺文件的正确实施。

⑦ 发现图纸和工艺文件中存在的问题，及时反映，不要自作主张随意改动。

⑧ 应保持工艺文件的清洁，不要在图纸上乱写乱画，以防止出现错误。

知识链接 3 工艺文件的分类及说明

工艺文件的组成和内容应根据产品的生产阶段、产品的复杂程度、生产组织方式等情况而定。成套的工艺文件必须做到正确、完整、统一和清晰。

通常工艺文件可分为工艺管理文件和工艺规程两大类。

1. 工艺管理文件

工艺管理文件是供企业科学地组织生产和控制工艺的技术文件。

不同企业的工艺管理文件的种类和要求不完全相同，但基本文件都应当具备，主要包括工艺文件目录、工艺路线表、材料消耗工艺定额明细表、专用及标准工艺装配明细表、配套明细表。

2. 工艺规程

工艺规程是规定产品和零件的制造工艺过程、操作方法等的工艺文件，是工艺文件的主要部分。

工艺规程按使用性质和加工专业又可进行不同的分类。按使用性质可分为专用工艺规程、通用工艺规程、标准工艺规程；按加工专业可分为机械加工工艺卡、电气装配工艺卡、扎线工艺卡、油漆涂敷工艺卡等。

知识链接 4 识读工艺文件

从前面的叙述中可知，工艺文件的种类很多，但实际生产中的操作人员并不一定会接触所有的工艺文件。特别对于初学者，可以先熟悉一些在第一线工位上常用到的工艺文件，做到能熟练识读相关的工艺文件并能按照其进行安装。另外，从提高的角度看，应能设计一些简单产品的相关工艺文件。

1. 配套明细表

配套明细表说明装配需用的零件、部件、整件等主要材料及生产过程中的辅助材料，以提供各有关部门在配套及领料、发料时用，也可作为装配工艺过程卡的附页。图 2.1.1 所示为某型号收录机部分配套明细表。"位号"、"名称规格"及"数量"栏填写相应的部件、整件设计文件明细表的内容；"来自何处"栏填写材料的来源处。

配套明细表				装配件名称		装配件图号
				SL777 收录机		
序号	位 号	名 称 规 格	数 量	来自何处	交往何处	备 注
1	R18	RT-1/4W-0.5	1			
2	R16	RT-1/4W-1	1			
3	R13 R14 R41	RT-1/4W-10	3			
4	R15	RT-1/2W-33	1			
5	R6 R10 R32	RT-1/4W-100	3			
6	R22	RT-1/4W-220	1			
7	R1 R17 R20	RT-1/4W-1k	3			
8	R24 R35 R37	RT-1/4W-2k2	3			
9	R4 R7 R11	RT-1/4W-3k3	3			
10	R25 R30	RT-1/4W-4k7	2			
11	R29	RT-1/4W-6k8	1			
12	R2 R3 R23 R33	RT-1/4W-10k	4			
13	R19	RT-1/4W-12k	1			
14	R21 R45	RT-1/4W-15k	2			
15	R43	RT-1/4W-33k	1			
16	R8 R26	RT-1/4W-47k	2			
17	R34	RT-1/4W-68k	1			
18	VR1	50k	1			
19	VR2	500	1			
20	C7 C8 C9	瓷片 30pF	3			
21	C45	瓷片 100pF	1			

使用性 （位于表左侧）
旧底图总号 （位于表左侧）

底图总号	更改标记	数量	文件号	签名	日期	签名		日期	第　页
						拟制			
						审核			共　页
									第　册 第　页

图 2.1.1　配套明细表

2. 导线及线束加工表

导线及线束加工表供导线及扎线加工准备和排线时使用，为整机产品、分机、整件、部件进行系统的、内部的电路连接所应准备的各种各样的导线及线束等线缆用品。图 2.1.2 所示为某型号电话机导线及扎线加工表。"编号"栏填写导线的编号或线束图中导线的编号；其余各栏按标题填写导线材料的名称规格、颜色、数量；"长度"栏填写导线的剥线尺寸；"去向"栏填写导线焊接的去向；空白栏供画简图用。

			导线及扎线加工表							产 品 名 称	产品图号		
										电话机			
	序号	编号	名 称 规 格	颜色	数量	长度（mm）			去 向		工时定额	备注
						全长	A端	B端	A 端	B 端		
	1	1	塑料线 AVR1×12	黄	1	180	4	5	印板 SPK+	扬声器+		
	2	2	塑料线 AVR1×12	黑	1	180	4	5	印板 SPK−	扬声器−		
	3	3	塑料线 AVR1×12	红	1	150	4		印板 BE+	听筒插座		
	4	4	塑料线 AVR1×12	绿	1	150	4		印板 BE−	听筒插座		
	5	5	塑料线 AVR1×12	黄	1	150	4		印板 MIC+	听筒插座		
	6	6	塑料线 AVR1×12	黑	1	150	4		印板 MIC−	听筒插座		
	7	7	塑料线 AVR1×12	红	1	150	4	4	印板 BAT+	电池盒+		
	8	8	塑料线 AVR1×12	黑	1	150	4	4	印板 BAT−	电池盒−		
	9	9	塑料线 AVR1×12	红	1	150	4		印板 623K+	进线插座		
	10	10	塑料线 AVR1×12	绿	1	150	4		印板 623K−	进线插座		
	11	11	12 芯排线	灰	1	30	3	3	按键板	液晶板		
	12	12	13 芯排线	灰	1	120	3	3	印板 PX	液晶板		

底图总号	更改标记	数量	文件号	签名	日期		签名	日期	第　页
						拟制			
						审核			共　页
									第　册 第　页

图 2.1.2　导线及扎线加工表

3. 装配工艺过程卡

装配工艺过程卡是整机装配中的重要文件，它反映装配工艺的全过程，供部件、整件的机械装配和电气连接时使用。图 2.1.3 所示为某型号收录机装配工艺过程卡。

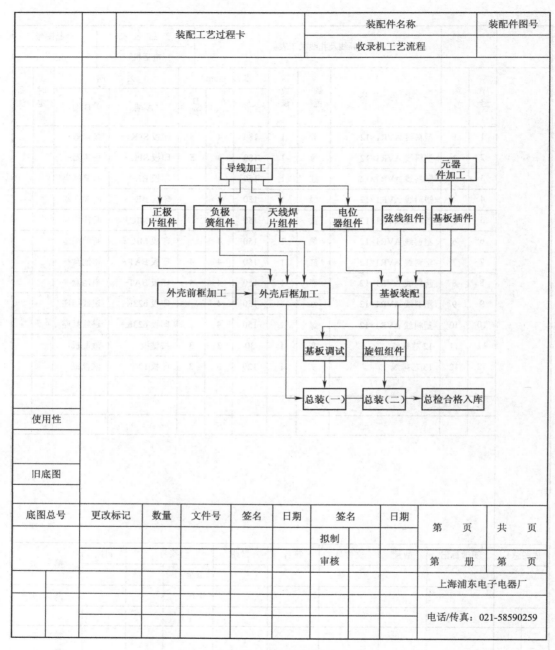

装配工艺过程卡					装配件名称		装配件图号
					收录机工艺流程		

图 2.1.3　装配工艺过程卡

4. 工艺说明及简图

工艺说明及简图可以作为任何一种工艺过程的续卡，它用简图、流程图、表格及文字进行说明，也可用于编制规格式以外的其他过程，如调试说明、检验要求、各种典型工艺文件等。图 2.1.4 所示为 HCD456 电话机面板组件工艺说明及简图。

					产品名称		图　号	
		工艺说明及简图			电话机			
					工序名称		工序编号	
					面板组件装配图			

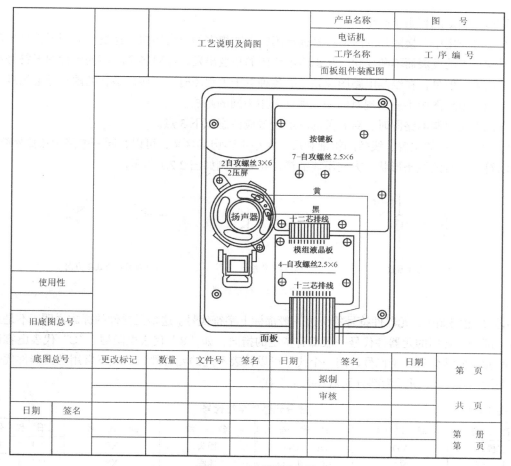

底图总号		更改标记	数量	文件号	签名	日期	签名		日期	第　页	
使用性							拟制				
							审核			共　页	
日期	签名									第　册	
										第　页	

图 2.1.4　工艺说明及简图

任务二　电路图和印制电路板装配图

电路图也称为电原理图、电子线路图，是详细说明产品各元器件、各单元电路之间的工作原理及其相互连接关系的略图。电路图主要由各种图形符号和连线按照一定规则组成，用以表达元器件之间的连接及电路各部分的功能，但它不表达电路中各元器件的形状和尺寸，也不反映这些元器件的安装、固定情况。

印制电路板（Printed Circuit Board，PCB），简称印制板。它通过专门工艺，在一定尺寸的绝缘基材敷铜板上，按预定设计印制导线、制作小孔，可在板上实现元器件之间的相互连接。

印制电路图，是指能够准确反映元器件在印制板上的位置、形状、尺寸与连接的设计图。

⌐ 基础知识 ⌐
....

知识链接 1 **电原理图的绘制**

1. 电路图的图形符号及说明

绘制电原理图，将用到各类元器件、导线及其连接符号和其他各种电气图形符号，国家标准

GB4728 对此做了详细的规定。

在实际应用中，接触到的图形符号远比国家标准规定的丰富得多，这是因为图形符号本身在随着科学技术的发展而不断变化。从识读电路图的角度出发，应对各个时期的各种图形符号都有一定的认识。但是，在绘制电路图及相关的各种电子工程图时，则应以最新的国家标准为准，特别是在同一电路图中不应出现对同一元器件采用不同的画法。

在识读及绘制电路图时，对有关的图形符号应注意以下 3 点。

① 符号所在的位置、线条的粗细和尺寸大小不影响其含义，可以在同一电路中按比例缩放，但表示符号本身的线条形状、方向不能混淆。符号示例如图 2.2.1 所示。

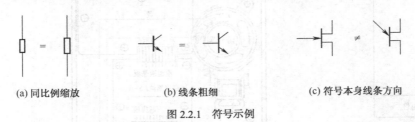

(a) 同比例缩放　　　　　(b) 线条粗细　　　　　(c) 符号本身线条方向

图 2.2.1　符号示例

② 在电路图中，元器件符号的旁边一般都标上字符代号。这是元器件的标志说明，不是元器件的一部分。常用的元器件代号一般都有特定的指向，如"R"代表电阻器、"C"代表电容器，但有些元器件常会有多个代号，同一个代号可以代表不同的元器件，一些不常用的元器件代号也常易混淆。表 2.2.1 所示为部分元器件的字符代号。

表 2.2.1　　　　　　　　　　　　　部分元器件字符代号

名　称	新代号	旧代号	名　称	新代号	旧代号
二极管	VD	DE　ANT	插头	XP	CT　T
晶体管	VT	BG　T　Q	插座	XS	CZ　J　Z
集成电路	IC	JC　U	继电器	K	J
变压器	T	B	传感器	B	MT
运算放大器	N	A　OP	线圈	Q	L
可控硅整流器	V	Q　SCR	指示灯	H	ZD
石英晶体	SJT	Y　XTAL	按钮	SB	AN
光电池、光电管	V		互感器	T	H
开关	S	K　DK	接线柱	X	JX

③ 同一电路中，当出现多个同种元器件时，通常在代号上加序号予以区别，如 R1、R2、V1、V2 等；复杂电路中，电路由几个单元电路组成，则可在代号前再加序号，如 1R1、1R2…、2R1、2R2 等。

2. 电路图绘制的一般规定

① 绘制电路图，应以图面均匀紧凑、便于看图、顺序合理、电线连接最短且交叉最少为原则；将各符号根据产品的基本工作原理，按照从左至右、自上而下的顺序排列成一列或数列；各元器件符号的位置应该尽量体现电路工作时各个元器件的作用顺序，如图 2.2.2 所示。串联元器件的符号画在一直线上，并联元器件的符号中心对齐，如图 2.2.3 所示。

② 电路图中的连线应尽可能保持横平竖直，两条平行线之间的距离不要小于 1.6mm；一般从一个点上引出不多于 3 根导线；连线中，导线的粗细、长短不代表电路连接的变化。

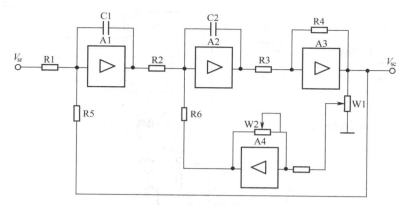

图 2.2.2　电路图示例

③ 电路图中，组成产品的所有元器件及连线一般均以国家标准规定的图形符号表示。在某些比较复杂的电路中，由于连线、接点较多，图形密集，很难看清，在实践中，人们采用一些省略简化图形的方法，使画图、读图既方便又不易混淆，很多方法已被公认。图 2.2.4 所示为一些常用省略简化的方法。

(a) 恰当的画法

3. 根据装配图测绘简单电路图的方法与技巧

在进行维修或对某些电路做研究，又缺少原始的电路图时，常需要根据印制板实物或装配图测绘出电路图，以明确电路的功能或工作原理。作为电子工程技术人员，这也是一项基本的技能。准确快速地测绘电路图需要有丰富的经验，当然，也有一些基本的方法与技巧。

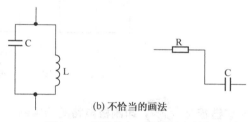

(b) 不恰当的画法

图 2.2.3　元器件串、并联位置示例

① 确定核心元器件。一般电路都以集成电路或晶体管为核心，辅以周边电路形成一个完整的功能电路，人们通常依据核心元器件来判断电路大致的功能。

② 按照核心元器件的位置号顺序排列，元器件的位置号通常能反映信号走向。

③ 按照装配图实际连接情况，画出核心元器件之间的连接和核心元器件与直流电源的连接，并且把周围的元器件也按照装配图连接情况画出。

④ 为防止出现漏画、重画现象，对画出的草图进行检查。将各印制导线编号，每根印制导线看做一个电位点，对照印制导线上的焊盘检查电路图中各个等电位点上连接元器件及其引线，这称为同电位点检查。检查过程中查过一点无误后应用铅笔做好记号。

⑤ 将草图整理成规范的电路图。所谓规范的电路图应具备以下几点：

● 电路符号、元器件代号正确；

● 电路供电通路清晰；

● 元器件分布均匀、美观；

● 电路尽量以比较常见的形式出现。

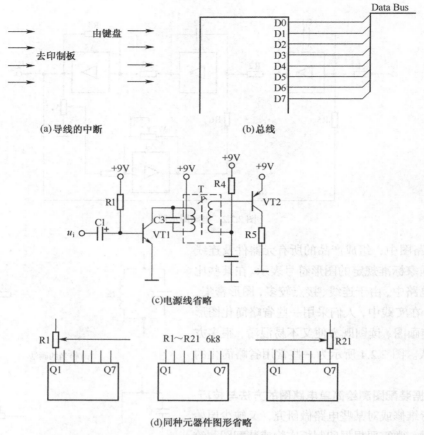

(a)导线的中断　　　　　　(b)总线

(c)电源线省略

(d)同种元器件图形省略

图 2.2.4　电路图中的省略简化方法

知识链接 2 **印制板电路图的绘制**

1. 印制电路板装配图

印制板装配图是用于指导操作者装配焊接印制电路板的工艺图，它准确描述了元器件在印制板上的安装位置。印制板装配图有两种：画出印制导线和不画出印制导线。

（1）画出印制导线装配图

画出印制导线的印制板装配图，除了按照印制板实物在安装位置上画出元器件之外，还画出了印制导线，如图 2.2.5 所示。

① 元器件可以使用标准图形符号表示，也可以画出实物示意图（一般为元器件的俯视图实物示意图）。

② 有极性的元器件，一定要在该元器件相应的安装位置上标注清楚极性。

③ 元器件参数、型号等在板面空间允许时，可以标注，也可以只标注代号，其他参数另外附表说明。

④ 需要特别说明的工艺要求，如焊点的大小、焊料的种类、焊接后的保护处理等，应该加以注明。

（2）不画出印制导线装配图

不画出印制导线的印制板装配图，把安装元器件的板面作为正面，只在相应安装位置上画出元器件的图形符号，用于指导装配，如图 2.2.6 所示。

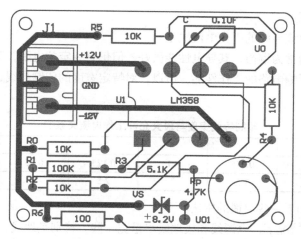

图 2.2.5 印制电路板装配图（一）

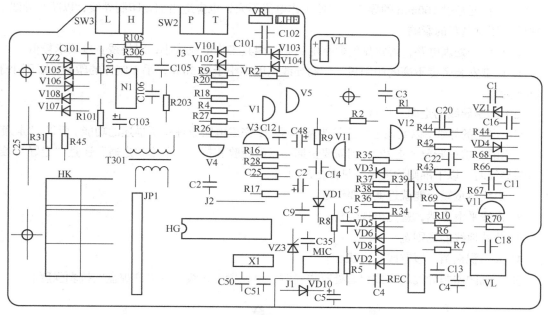

图 2.2.6 印制电路板装配图（二）

① 常见的元器件可以用标准图形符号表示，一些外形比较特殊的元器件则尽量采用实物示意图，并且应清楚地表现出其轮廓。特别像集成电路等元器件，安装尺寸有严格限定的，轮廓尺寸应与实物一致。

② 二极管、晶体管、一些电解电容等有极性的元器件（包括集成电路），要按照实际排列标出极性和安装方向。

③ 一般只标出各个元器件的代号。

④ 对某些规律性较强的元器件，可以采用简化画法。

2. 印制电路

印制电路即印制板电路图，由印制导线和元器件符号组成。印制电路既要反映元器件的安装位置，又要真实反映电路原理图表明的电气特性。

（1）印制导线的宽度

印制导线的宽度由该导线的工作电流决定。

印制导线的材料通常为铜箔，其导电性能虽好，但仍有一定的电阻，工作中因电流热效应使印制导线温度升高，影响电路的工作性能。所以，对特定宽度的印制导线，规定了最大允许工作电流，如表2.2.2所示。

表2.2.2   印制导线宽度与最大允许工作电流关系表

导线宽度/mm	1	1.5	2	2.5	3	3.5	4
导线面积/mm^2	0.05	0.075	0.1	0.125	0.15	0.175	0.2
导线电流/A	1	1.5	2	2.5	3	3.5	4

在实践中，还有如下一些习惯的用法。

① 在板面允许的情况下，电源线和接地线尽量宽一些。特别是地线，即使局部不允许加宽，也应在允许的地方加宽。

② 对长度超过100mm的导线，即使工作电流不大，也应适当加宽印制导线，以减小导线上形成的电压对电路的影响。

③ 小信号处理电路，如常见的数字电路等，因其工作电流微小，对导线宽度要求较低。

④ 通常安装密度不高的印制板，印制导线宽度不小于0.5mm，手工制作的印制板以不小于0.8mm为宜。

（2）印制导线的走向与形状

印制电路的导线，以实现电气连接为基本原则，完成电路原理图所描述的功能。所以，"走通"是最起码的要求；若要"走好"，则需要长期积累的经验和技巧。不论"走通"还是"走好"，绘制印制导线时，以下准则均适用（见图2.2.7）。

① 走线尽量短，能就近就不要绕远。

② 走线平滑自然，避免出现尖角。

③ 公共地线能宽则宽。

④ 大面积铜箔应镂空成栅格状。

⑤ 较细的印制导线端头或拐弯处有焊盘时，可设置工艺线，以提高焊盘的抗剥强度。

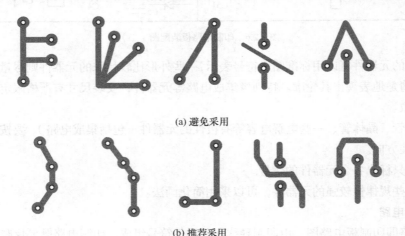

(a) 避免采用

(b) 推荐采用

图2.2.7 印制导线的走向与形状

3. 焊盘与孔

焊盘与孔常用于元器件的不规则排列。

印制板上用于焊接、形成焊点的铜箔，称为焊盘；有引线元器件的还需要有引线孔来通过元器件引线。印制导线把焊盘连接起来，实现元器件在电路中的电气连接。

有引线元器件的引线孔钻在焊盘的中心，孔径比元器件引线直径略大，一般引线孔的直径最小应比元器件引线直径大 0.4mm，最大不超过元器件引线直径的 1.5 倍。孔径太小，元器件插装不方便；孔径过大，不仅使焊接时用锡量多，并且容易造成焊接时因元器件晃动形成虚焊，使焊接的机械强度变差。在同一块印制板上，孔径的尺寸规格应尽可能少一些，尽量避免异形孔出现，以尽量降低加工成本。通常采用的引线孔直径有 0.8mm、1.0mm、1.2mm 等尺寸。

焊盘的形状和尺寸要有利于增强焊盘和印制导线与绝缘基板的黏结强度，同时要考虑焊盘的工艺性和美观。

常见的焊盘形状有岛形焊盘、圆形焊盘、方形焊盘、椭圆形焊盘、多边形焊盘、开口形焊盘和异形焊盘，如图 2.2.8 所示。

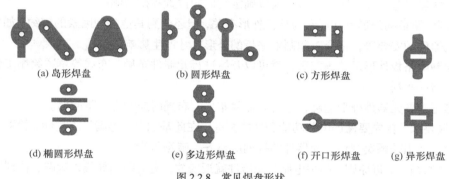

(a) 岛形焊盘　　　(b) 圆形焊盘　　　(c) 方形焊盘

(d) 椭圆形焊盘　　　(e) 多边形焊盘　　　(f) 开口形焊盘　　　(g) 异形焊盘

图 2.2.8　常见焊盘形状

① 岛形焊盘。岛形焊盘常用于元器件的不规则排列中，有利于元器件的密集和固定，并可大量减少印制导线的长度与数量。此外，焊盘与印制导线合为一体后，铜箔面积增大，使焊盘和印制导线的抗剥强度大大增加。

② 圆形焊盘。圆形焊盘用的最多，因为圆形焊盘在焊接时，焊锡自然形成光滑的圆锥形，结合牢固、美观。

③ 方形焊盘。常用于手工制作的印制板中，此外，也在一些大载流量印制板中采用方形焊盘。

④ 椭圆形焊盘。常用于双列直插式器件（如双列直插集成电路）或插座类元件。这种焊盘抗剥能力强，有利于中间走线。

⑤ 多边形焊盘。一般用于某些焊盘外径接近而孔径不同的焊盘相互区别，便于加工和装配。

⑥ 开口形焊盘。开口的作用是为了保证在波峰焊后，使手工补焊的焊盘孔不被焊锡封死。

⑦ 异形焊盘。主要用于安装片状引线的元器件，如收音机中周的外壳、音频插装的引线等。

焊盘尺寸的确定与印制板形式、焊盘形状、引线孔尺寸等因素有关，没有标准的尺寸规格，但也有一些常规的规定。以圆形焊盘为例，单面板焊盘的外径一般比引线孔直径大 1.3mm 以上，密度较高时，可以为 1mm；双面板由于是金属化孔，焊接的可靠性高，焊盘的外径可以小一点。

4. 印制电路图设计方法

由于电路的复杂程度不同，产品的用途及要求不同，设计手段不同，设计过程及方法也不同，但实际原则和基本思路都是相同的。

（1）设计准备

设计印制电路之前，电路图、主要元器件及部件、印制板对外连接等已基本确定，作为设计者，必须对原理设计思想、整机应用等技术条件做深入透彻地分析，才能掌握印制设计的主动性。准备阶段要确认以下具体要求及参数。

① 了解电路工作原理和组成，各功能电路的相互关系，主要参数及信号流向。

② 找出线路中可能产生的干扰源，以及易受外界干扰的敏感元器件。

③ 熟悉电路图中出现的每个元器件，掌握每个元器件的外形尺寸、封装形式、引线方式、管脚排列顺序、各管脚功能及其形状等。

④ 确定哪些元器件因发热而需要安装散热片，并计算出散热片面积，确定哪些元器件装在板上、哪些元器件装在板外等。

（2）确定外形结构草图

① 根据整机结构和分板要求确定对外连接草图。电源线、地线、印板外元器件的引线、印板与印板之间的连线等，在绘制草图时应大致确定它们的位置和排列顺序。

② 印制电路板的外形尺寸通常与整机外形有关，但还受到其他各种因素的制约，如安装、固定、特殊元器件的安装等，都会对印制电路板的外形尺寸产生影响。

在对印制电路板外形尺寸确定后，就可以开始进行元器件布局、布线等草图绘制工作。

（3）元器件布局

用铅笔画出各元器件外形轮廓，进行元器件布局。布局时应注意如下问题。

① 布局要求：首先要保证电路功能和性能指标；在此基础上，再满足工艺性、检测、维修等方面的要求；适当兼顾美观性，元器件的排列应整齐、疏密得当。

② 布局原则：就近原则，相关电路、元器件就近安放，避免印制导线走远路，特别不要出现交叉穿插；信号流原则，按电路信号流向布放，避免输入与输出、高电平与低电平交叉；散热原则，元器件布局要有利于元器件散热。

③ 布局顺序：先大后小，先集成后分立，先主后次。

④ 用铅笔勾画元器件外形轮廓时，其尺寸外形尽量与实物保持一致。使用较多的小型元器件（如常用的小功率电阻、瓷片电容等）可以只画出标准图形符号，而不画出轮廓。

（4）确定并画出焊盘位置

有精度要求的焊盘要严格按尺寸标出；无尺寸要求的焊盘，尽量使元器件排列均匀、整齐。

（5）勾画印制导线——布线

勾画导线可以分两步完成。

① 先用细线按照电路图进行焊盘之间的连接勾画，标明印制导线的路径。勾画时，线间保持适当的距离；避免导线交叉，必要时可用跨接线跨越；同时还应考虑地线、电源线等产生的公共阻抗干扰。

② 对绘制的草图反复核对无误后，用绘图笔重描焊点和印制导线，并按要求勾画出印制导线的宽度。必要时，可以标注出焊盘和印制导线的尺寸。

各类元器件在印制电路板上的安排是一件实践性很强的工作。某些措施在某些情况下是可行的，而在另一种情况下却又成为多余；措施不严将影响产品的可靠性，措施过严又会造成浪费；特别是很多寄生耦合随机性很大，往往要根据经验解决。这就要求操作者很好地掌握基本知识，善于随具体应用条件的变化灵活应用。

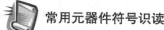

操作分析

操作分析1 常用元器件符号识读

① 查找常用元器件图形符号及代号。

② 利用图书馆资料及网络查找各种电路图的资料。

操作分析2 根据印制电路装配图绘制电路图

① 在图 2.2.9 所示的印制电路装配图中，按其标识，VT1 是结型场效应管，VT2 是晶体管，其余还有 R1～R9 共 9 个电阻，C1～C3 共 3 个电容，直流电源 V_{CC}，输入 u_i 和输出 u_o。

② 综观全图，可以把 VT1、VT2 认为是本电路的核心元器件，按照代号的顺序，依次画出它们的符号。

③ VT1、VT2 工作都需要直流电源提供偏置，按印制电路装配图画出各电极的直流偏置电路。通过观察可以发现，VT2 的 e 极通过电阻器 R4 与电源正极端相连，c 极通过电阻器 R9 与公共端相连，说明它是一个 PNP 型的晶体管。

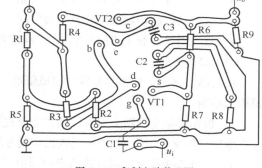

图 2.2.9 印制电路装配图

④ 画出 VT1、VT2 之间的连接。在本电路图中，VT1、VT2 因采用直接耦合，已在直流偏置电路中画出。

⑤ 画出输入、输出电路。本电路中，输入通过无极性的电容器 C1 与场效应管 g 极相连——阻容耦合输入；输出直接取自 VT2 的 c 极——直接耦合输出。

⑥ 经检查发现，还有电阻器 R6、R8 和有极性的电容器 C2、C3 尚未接入电路图，观察它们的连接情况，发现 C2 与 R8 串联后与 R7 并联，R6 跨接在 VT_1 的 s 极与 VT_2 的 c 极之间，C3 连接在 VT1 的 e 与公共端之间，将它们接入。

⑦ 检查。先清点数量，是否所有元器件和外接端都已在原理图中出现；再用同电位法检查连接是否有错误。

⑧ 检查无误后，整理电路图，调整个别元器件的位置与间距，画成人们习惯的电路图形式。稍作分析可以发现，本电路是一个两级放大电路。

操作分析3 印制电路设计

1. 根据电原理图绘制排版连线图和确定排版方向

在印制电路板几何尺寸确定的情况下，从排版连线图中可以看出元件的基本位置。图 2.2.10（a）所示为单稳态触发电路的原理图，从图中可以看出它有一个交叉点"D"，电路的排版方向与管座的位置不相符，地线也不统一。图 2.2.10（b）所示为根据电原理图画出的排版连线图，它基本上解决了上述问题，为绘制排版设计草图提供了重要依据。

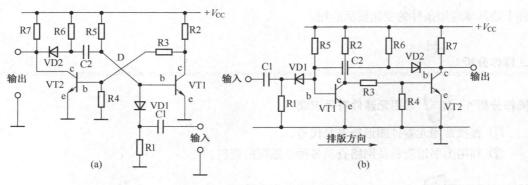

图 2.2.10　排版连线图和排版方向

2. 绘制排版设计草图

（1）准备

- 排版设计草图一般应用方格纸绘制。
- 根据已给的印制板尺寸及安装空间尺寸，画出印制板的外轮廓。
- 查元器件手册（或测量实物），确定有关元件的尺寸及跨距。

（2）具体绘制

在具体绘制时，可将各元器件剪成纸型，即可在方格纸上放置以确定其位置，也可应用绘图模板来绘制。

- 根据排版连线图上元器件的大体位置及其连线方向，精确布置元器件及榫接孔的位置（最好在坐标格的交点上），并用单线画出印制导线的走向，如图 2.2.11 所示。
- 根据榫接孔及印制导线的走向画出印制导线，如图 2.2.12 所示。

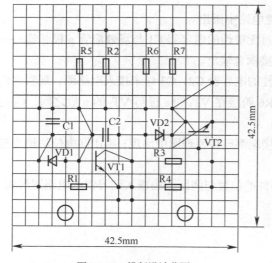

图 2.2.11　排版设计草图

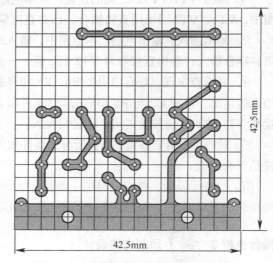

图 2.2.12　根据排版设计草图画出印制导线

勾画印制导线是印制电路设计中的关键步骤，同时，布线是否合理又与元器件布局密切相关。许多时候会发现，只要改变个别元器件的布局位置，就可以使布线既方便又合理，如改变某个晶体管或集成电路的方向，调整某两个元器件的间距等。因此，在印制电路设计中，元器件布局和布线反复多次地修改是常有的事，在设计的开始阶段，不要过早地定死元器件的排列顺序与方向。

印制电路图的设计没有固定的格式，由于设计者的思路、经验、习惯、技巧等不同，设计出来的印制电路也会出现各种不同的方案。

评价印制电路的设计质量，可以从以下几个方面考虑。

① 元器件的排列均匀、整齐。

② 板面布局合理美观。

③ 线路设计不能给整机带来干扰。

④ 电路的装配与维修方便。

⑤ 对外引出线可靠。

⑥ 制板材料的性价比达到最佳。

随着大规模集成电路的应用，要求印制电路板的走线越来越精密和复杂，同时，要求设计和制造印制电路板的周期越来越短，在这种情况下，传统的手工设计印制电路板已经落后，而计算机辅助设计（Computer Assist Design，CAD）则应运而生。计算机辅助设计印制电路板改进了产品的质量，大大缩短了设计周期，其电路的修改可以在同一张图纸上反复进行，精简了工艺标准检查，从而提高了工作效率，改进了印制电路板的工艺流程。由于篇幅有限，这里不作介绍。

 **技能训练** 电路图测绘和印制电路图设计

1. 测绘简单电路图

画出图 2.2.13 所示的电路图，并分析它的工作原理。

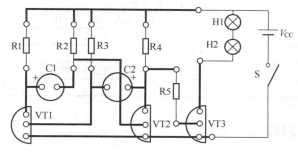

图 2.2.13 测绘用印制板电路装配图

2. 设计简单印制电路图

用所学的印制电路板手工设计方法，设计图 2.2.14 所示电路图的印制电路图。

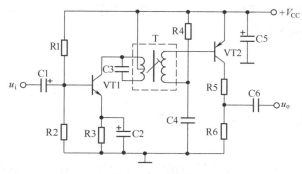

图 2.2.14 电路图

▶ 训练评价

1. 测绘电路图

将测绘电路图评价填入表 2.2.3 中。

表 2.2.3　　　　　　　　　　测绘电路图评价表

班　级		姓　名		学　号			成　绩	
工时定额		实用工时		起止时间:自　　时　　分至　　时　　分			扣分	
项　　目	配分比例		评 分 标 准				自评	互评
安全文明生产	10分		违反操作规程，扣 5～10 分					
电气连接错误	45分		每错一处扣 5～10 分					
元器件符号标注	20分		每出现一处错误或不良扣 3～10 分					
排列紧凑合理	20分		排列布局不合理扣 3～20 分					
超时	5分		5 分钟内扣 1 分/分钟，超过 5 分钟总分按 70%计算					
指导老师签字			自评:			互评:		

2. 印制电路板设计

将印制电路板设计评价填入表 2.2.4 中。

表 2.2.4　　　　　　　　　　印制电路设计评价表

班　级		姓　名		学　号			成　绩	
工时定额		实用工时		起止时间:自　　时　　分至　　时　　分			扣　分	
项　　目	配分比例		评 分 标 准				自评	互评
安全文明生产	10分		违反操作规程，扣 5～10 分					
元器件符号标注	20分		每错一次扣 2～5 分					
电气连接	30分		每出现一处工艺错误或不良扣 3～10 分					
布局	15分		布局不均匀、不紧凑扣 5～10 分					
布线及焊盘	20分		不合理扣 2～5 分/次					
超时	5分		5 分钟内扣 1 分/分钟，超过 5 分钟总分按 70%计算					
指导老师签字			自评:			互评:		

任务三　电子装配的静电防护

　　静电就是静止不动的电荷，静电的产生是人们日常生活中一种司空见惯的现象。当元器件带有静电时就可能产生很高的电压，在发生静电放电时，就会对没有防护的元器件造成静电伤害和损伤。静电对元器件造成的危害是相当严重的，静电在电子工业中被称为"看不见的敌人，无处不在的杀手"。在电子装配时，防静电是一项很重要的工作。然而，静电也可为人们所利用，如静电除尘、静电喷涂、静电复印等。

⌐ 基础知识 ⌐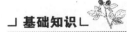

知识链接 1　静电的产生与危害

1. 静电的产生

在电子产品制造中，静电的来源是多方面的，如人体的活动，人与衣服、鞋袜等物体之间的摩擦、接触、分离等都会产生静电。人体是最重要的静电源，人体的电阻较低，相当于良导体，人体某一部分带电即可造成全身带电。人体活动产生的静电电压为 0.5～2kV，是导致器件产生击穿的主要原因。另外，电子元器件的外壳（主要指陶瓷、玻璃和塑料封装外壳）与绝缘材料相互摩擦会产生静电；化纤或棉布工作服、橡胶或塑料鞋底、高分子材料制造的包装和容器、普通的工作台面、工作车间的地面、电子生产设备等都会产生静电。

2. 静电的危害

在电子产品生产过程中，由静电击穿引起的元器件损坏是最普遍、最严重的危害。元器件外壳产生静电后，会通过某一接地的引脚或外接引脚释放静电，从而对元器件造成静电损伤；仪器设备带电后，与元器件接触也会产生静电放电，并造成静电损伤。静电放电会使元器件击穿，器件的输出与输入开路或短路，降低器件的性能，留下不易被人们发现的隐患，使电路时好时坏，以致设备不能正常工作。特别是金属氧化物半导体（MOS）器件和超大规模集成电路，这类器件输入阻抗高，更容易受到静电的损害。表 2.3.1 所示为典型元器件的静电放电失效分析。

表 2.3.1 　　　　　　　　　　　　　典型元器件的静电放电失效分析

组 成 部 分	元器件类型	失 效 机 理	失 效 标 志
MOS 结构	MOSFET、MOSIC	由于电压过高引起介质击穿	短路
半导体结	二极管、晶体管、晶闸管	能量集中，热二次击穿	短路
薄膜电阻	混合 IC、密封薄膜电阻器	介质击穿	电阻漂移
金属化条	单片或混合 IC	金属烧毁	开路
场效应结构	石英陶瓷封装 LSI	电荷注入绝缘材料	性能退化
压电晶体	晶振、声表面波器件	电压过量使机械压力造成晶体断裂	性能退化

知识链接 2 **防静电措施**

静电防护的根本目的是在电子元器件、组件和设备的制造、使用过程中，通过各种防护手段，以确保元器件、组件和设备在制造、使用过程中不致因静电作用受到损害。

防静电一般应从 3 个方面着手，即消除起电原因、降低起电程度和防止积聚静电对半导体器件的放电。在防静电工作中，应采用技术上可能、经济上合理的完整措施。

1. 消除起电原因

消除起电原因最有效的办法之一是在生产场地采用防静电地坪，防静电地坪能有效地将人体静电通过地坪尽快地泄放于大地，同时也能泄放设备、工装上的静电以及因移动操作而不易使用腕带的人体静电，如铺设导电橡胶，工作台面铺设抗静电橡胶垫。

人体静电与所着衣物有关，化纤和塑料制品较之棉制品更容易产生静电，操作人员穿防静电服、带防静电手套和穿防静电鞋、带防静电手腕带，可以消除或控制人体静电的产生，从而减少在电子产品制造过程中最主要的静电来源，如图 2.3.1 所示。

另外，在需要手工焊接静电敏感元器件时，应选用防静电电烙铁，因为防静电电烙铁采用直流稳压电源，发热元件多选用具有恒温特性、静电电容小的材料，还可静电接地，这样可大大降低干扰杂波信号。如果没有防静电电烙铁，则在焊接静电敏感元器件时需要拔掉电源。

2. 降低起电程度

降低起电程度可采用离子发生器、放射性电离法、化学消除法等措施。

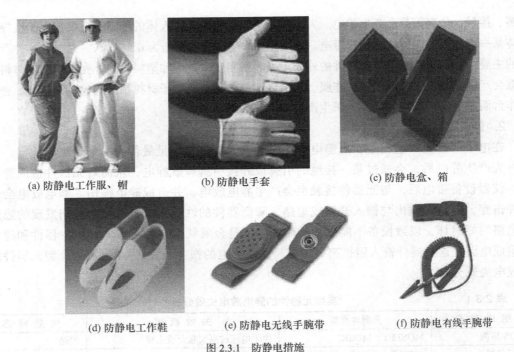

(a) 防静电工作服、帽   (b) 防静电手套   (c) 防静电盒、箱

(d) 防静电工作鞋   (e) 防静电无线手腕带   (f) 防静电有线手腕带

图 2.3.1   防静电措施

3. 采用保护器件措施

在采取防静电措施后仍不能阻止静电荷的产生和积聚，应采用保护电路、限流电阻、RC 电路来防止突发功率和在防静电条件下操作敏感器件。除上述 3 方面工作外，还需制订防静电标准和生产现场操作工艺规程，从元器件进厂到整机出厂都要按防静电工艺操作规程生产，以防止敏感器件损坏。

4. 静电的防护方法

在电子产品生产过程中，静电的产生是无法避免的，它的存在会随时随地给元器件带来损坏。要构成一个完整的静电安全区，至少应包括防静电台垫、专用地线、防静电腕带、防静电包装袋、防静电物流车、防静电工具等。图 2.3.2 所示为操作人员在流水线上工作。

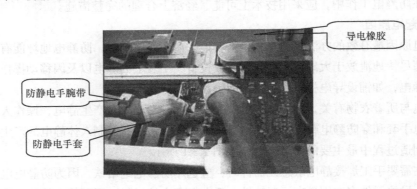

导电橡胶

防静电手腕带

防静电手套

图 2.3.2   静电的防护

知识链接 3   防静电工艺操作规程

① 凡装有静电敏感器件或调试带有防静电敏感器件的印制电路板部件或整机都必须在防静

电工作台上进行。

② 操作时应穿好防静电工作服，带好防静电手腕带，待装的敏感器件必须有防静电包装，对敏感器件加工时，所用的工具必须接地良好。

③ 在焊接带有敏感器件的印制电路板时，应用低压恒温电烙铁。印制电路板必须插上短路插座，直至调试或装机时取下。

④ 调试所用测试仪器必须接地良好。

⑤ 调试、测量、检验时所用的低阻仪器，应在静电敏感器件接通后方可接入输入端，在器件断开电源前，先断开测试仪器。

⑥ 用静电测试仪定期测试静电电压，定期检查测试仪器的接地情况。

图 2.3.3　静电警告标志

⑦ 防静电工作台上不应有化纤物品、塑料制品、纸张等杂物。

⑧ 没有穿防静电服、鞋和带防静电手腕带的人员，不得接触静电敏感器件（静电警告标志符号见图 2.3.3）。不穿防静电工作服、鞋的人员禁止进入生产现场。

⑨ 不得用手触摸敏感器件的引出脚，不得使敏感器件任意滑动。

 项目小结

　　本项目中，通过对工艺工作及工艺文件的学习，认识工艺及工艺文件在电子产品装接生产中的必要性和重要性，加强在装接生产中对工艺的规范要求。

　　通过对常用工艺文件的学习与实践操作，提高对工艺文件的识读能力，提高对工艺要求的解读能力，进一步提高操作中的工艺规范要求。

　　通过电路图测绘，提高对电路原理的解读能力；通过设计印制电路装配图，提高对印制电路装配工艺的认识，并能设计简单的印制电路图。

　　静电是一种自然的物理现象，气候越干燥越容易产生静电。人体是最重要的静电源，这主要是人体很容易与带有静电荷的物体接触或摩擦而带电，同时也容易将人体自身所带的电荷转移到元器件上或者通过元器件放电；人体与大地之间的电容低（为 50～250pF），故少量的静电荷即可导致很高的静电势。另外，人体的电阻较低，相当于良导体，所以人体处于静电场中也容易感应起电，而且人体某一部分带电即可造成全身带电。这样，当人体接触静电敏感元器件时，很容易造成元器件的损坏，因而在进行电子产品组装时，一定要做好静电防护。

 思考与练习

一、填空题

1. 工艺是将相应的_____、_____、_____等加工或装配成为产品或新的半成品的方法和过程。工艺是人类在劳动过程中积累并经过总结的_____。

2. 配套明细表说明了装配时所需的_____、_____、_____等主要材料及生产过程中的辅助材料，以提供各有关部门在_____及_____、_____时用，也可作为_____的附页。

3. 装配工艺过程卡是整机装配中的重要文件，它反映装配工艺的全过程，供部件、整件的_____和_____时使用。

4. 印制板上用于焊接、形成焊点的铜箔，称为_____。

5. 勾画印制导线时，_____保持适当的距离；避免导线_____，必要时可用跨接线_____；同时还应考虑_____、_____等产生的公共阻抗干扰。

二、判断题（对写"√"，错写"×"）

1. 经生产定型或大批量生产产品的工艺文件底图必须归档，由生产车间自行管理。（   ）

2. 操作者若发现工艺文件有不妥之处，可自行修改工艺文件。（   ）

3. 符号所在的位置、线条的粗细、尺寸大小、形状等不影响其含义，可以在同一电路中按比例缩放。（   ）

4. 在电路图中，元器件符号的旁边一定要标上字符代号，这是元器件的标志说明，也是元器件的一部分。（   ）

5. 印制电路图的设计有一套基本的方法，所以在电路图、元器件等都确定以后，设计出的印制电路图也是大致相同的。（   ）

三、简答题

1. 什么叫工艺文件？工艺文件在生产中有什么作用？

2. 说明二极管、晶体管、集成电路、开关、石英晶体的常用电路图形符号及字符代号。

3. 通过图书馆、因特网等媒介查找国内外常用元器件的图形符号和字符代号。

4. 在复杂电路的电路图中，为了读图方便，常采用的图形的简略画法有哪些？

5. 设计印制电路时，元器件的布局应注意哪些问题？

6. 评价印制电路的设计质量，可以从哪几个方面予以考虑？

7. 如何消除或控制人体静电在电子装配中产生的危害？

项目三

焊 接 技 术

焊接是制造电子产品过程中一个极其重要的环节，无论是用手工焊接方式，还是用工业自动化焊接方式，以锡铅合金作焊料的锡焊是最为普遍的。

在学习了《电子技能实训——初级篇》之后，本项目将主要介绍一些易损元器件的焊接技能、元器件的拆焊技能，并简要介绍工业自动焊接技术。通过本项目的学习，使学生能够掌握易损元器件的焊接技能和元器件的拆焊技能，了解工业自动焊接技术。

知识目标

- 了解锡焊机理的3个过程。
- 了解印制电路板的材料和性能。
- 了解工业自动焊接技术。

技能目标

- 熟练掌握元器件的插装技能。
- 熟练掌握易损元器件的焊接技能。
- 掌握元器件的拆焊技能。

任务一　实用锡焊技能

当你在聆听 MP3、CD 或其他音响设备所播放的那美妙动人的音乐旋律，并为之陶醉的时候，你是否知道那些电子音响产品都是由基本的电子元器件和功能构件按电路的工作原理用一定的工艺方法连接而成的？虽然它们的连接方法有多种（如焊接、铆接、压接、黏结等），你又可知道使用最广泛的连接方法是焊接？并且是以锡焊最为普遍？尽管目前电子产品的生产企业都普遍使用了自动插装、自动焊接的生产工艺，但产品试制、小批量产品生产、维修，一些有特殊要求的产品还采用手工焊接。因此，至今还没有任何一种方法可以完全取代手工焊接。电子产品的装调人员和修理人员掌握手工焊接技能、拆焊技能的熟练与否，直接关系着产品的质量和产品的性能。

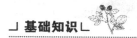

╝ 基础知识 L

知识链接1　焊接原理

当焊料为锡铅合金焊，接面为金属铜时，焊料先对焊接表面产生润湿，伴随着润湿现象的发生，焊料逐渐向金属铜扩散，在焊料与金属铜的接触面形成附着层，使两者牢固地结合起来。所以焊锡是通过润湿、扩散和冶金结合这3个物理、化学过程来完成的。

1. 润湿作用

润湿是焊接中的重要过程，没有润湿，焊接就无法进行。

润湿是发生在固体表面和液体之间的一种物理现象。如果液体能在固体表面漫流开，则称这种液体能润湿固体表面。液体和固体交界处形成的角，称为润湿角。锡焊过程中，熔化的焊料和焊件之间的作用，正是这种润湿现象。如果焊料能润湿焊件，则说明它们之间可以焊接，观测润湿角的大小是锡焊检测的方法之一。润湿角越小，焊接质量越好。

形象比喻：把水滴到荷花叶上形成水珠，就是水不能润湿荷花。把水滴到棉花上，水就渗透到棉花里面去了，就是水能润湿棉花。图 3.1.1 所示为润湿角示意图。

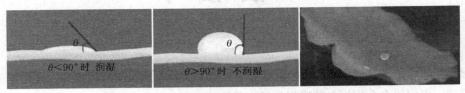

图 3.1.1　润湿角示意图

引起润湿的环境条件：被焊母材的表面必须是清洁的，不能有氧化物或污染物。

2. 扩散作用

伴随着润湿的进行，焊料与被焊母材金属原子间的相互扩散现象开始发生。若将一个铅块和一个金块的表面加工平整后紧紧压在一起，经过一段时间后两者"粘"在一起了，然后再用力把它们分开，就会发现银灰色铅的表面有金光闪烁，而金块的结合面上也有银灰色铅的踪迹，这说明两块金属接近到一定距离时能相互"入侵"，这在金属学上称为扩散现象。金属之间的扩散发生有如下两个基本条件。

① 距离。两块金属必须接近到足够小的距离。只有在一定小的距离内，两块金属的原子引力作用才会发生。金属表面的氧化层或其他杂质都会使两块金属达不到这个距离。

② 温度。只有在一定温度下，金属分子才具有动能，使扩散得以进行。锡焊就其本质上说，是焊料与焊件在其界面上的扩散。焊件表面的清洁、焊件的加热是达到其扩散的基本条件。

3. 界面结合层

焊接结束后，焊料开始冷却，由于焊料与母材相互扩散，使得焊料与焊件界面上形成一种新的金属合金层——金属化合物（结合层）。要获得良好的焊点，被焊母材与焊料之间必须形成金属化合物，从而使母材达到牢固的冶金结合状态。

铅锡焊料和铜在锡焊过程中生成的结合层，由于润湿和扩散是一种复杂的金属组织变化和物理冶金过程，结合层的厚度过薄或过厚都不能达到最好的性能。理想的结合层厚度是 1.2～3.5μm，强度最高，导电性能好，如图 3.1.2 所示。

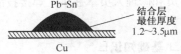

图 3.1.2　锡焊结合层示意图

综上所述，可以获得关于锡焊的理性认识：将表面清洁的焊件与焊料加热到一定温度，焊料熔化并润湿焊件表面，在其界面上发生金属扩散并形成结合层，从而实现金属的焊接。

知识链接 2　无铅焊接

无铅焊接是指以锡为主体，添加其他金属材料制成的焊接材料。所谓"无铅"，并非是绝对杜绝铅的存在，而是要求无铅焊接中铅的含量必须低于 0.1%。"电子无铅化"指的是包括铅在内的 6 种有毒有害的含量必须控制在 0.1%以内，同时意味着电子制造必须符合无铅的组装工艺要求。

目前研制的无铅焊锡是以锡（Sn）为主，添加适量的银（Ag）、锌（Zn）、铜（Cu）、铋（Bi）、铟（In）等金属材料制成，要求达到无毒性、无污染、性能好（包括导电、热传导、机械强度、润湿等方面）、成本低、兼容性强等要求。

无铅焊锡丝的优点是：绿色环保，无污染；润湿时间短，可焊性好；焊接时不会溅出松香；烙铁头浮渣少；表面光亮，烟雾少，不含有害健康的气体。

知识链接 3　印制电路板简介

制造印制电路板（PCB）的主要材料是覆铜板。制作覆铜板的主要材料是绝缘基板、铜箔和覆铜板黏合剂，按一定的工艺，使一定厚度的铜箔牢固地附着在绝缘基板上而制成。按其结构可分为以下 4 种。

1. 单面印制电路板

单面印制电路板只在一面有印制导线，而元器件集中安装在另一面。单面板适用于相对比较简单的电路，如对电性能要求不高的收音机、收录机、小家电等，如图 3.1.3（a）所示。

2. 双面印制电路板

双面印制电路板两面都有印制导线，通常采用环氧玻璃布覆铜箔板或环氧酚醛玻璃布覆铜箔板。由于两面都有印制导线，一般采用金属化孔连接两面印制导线。其布线密度比单面印制电路板更高，使用更方便。它适用于对电性能要求较高的通信设备、电子计算机、仪器仪表等，如图 3.1.3（b）所示。

3. 多层印制电路板

多层印制电路板是在绝缘基板上制成 3 层以上印制导线的印制板。它由几层较薄的单面或双面印制电路板（每层厚度在 0.4mm 以下）叠合压制而成。为了将夹在绝缘基板中间的印制导线引出，多层印制电路板上安装元件的孔，需金属化处理，使之与夹在绝缘基板中间的印制导线连通。目前，多层印制电路板广泛使用的有 4 层、4 层、8 层，更多层的也有使用。多层板的有效面积比单面板和双面板大得多，通常用在各种电路比较复杂而电路板面积又不能做大的电子电路中，如计算机主板都是 4～8 层的结构。

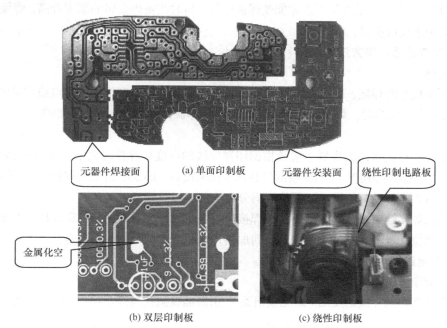

元器件焊接面　　　（a）单面印制板　　　元器件安装面　　绕性印制电路板

金属化空

（b）双层印制板　　　　（c）绕性印制板

图 3.1.3　印制电路板

4．挠性印制电路板

挠性印制电路板是以软质绝缘材料为基材制成的印制电路板。其特点是外形呈薄膜状，可折叠、弯曲、卷绕，可利用三维空间做成立体排列，如图 3.1.3（c）所示。挠性印制电路板通常作为柔性印制电缆使用，如翻盖手机、笔记本电脑及光驱光头的活动部位连接。

操作分析

操作分析1 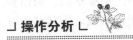 印制电路板的焊接技能

用印制电路板安装元器件和布线，既可以节省空间，提高装配密度，又可以减少接线错误，在电子产品和设备中得到十分广泛的应用。因此，熟练掌握印制电路板手工焊接技能，既是印制电路板装配乃至整机装配的重要基础，更是电子产品和电子设备质量的重要保证。

一个良好的焊点，必须具备以下几个条件。

① 可焊性。被焊接的金属材料与焊锡在适当的温度和助焊剂作用下，焊锡原子容易与被焊接的金属原子结合，如焊锡与铜、铁等具有良好的可焊性。

② 清洁的焊接表面。表面不够清洁时要用砂纸擦或用刀刮干净，否则容易形成虚焊或假焊。铝材之所以用一般的方法不能焊接，就是因为铝一旦与空气接触很快就形成了氧化层而阻碍锡原子进入铝的晶格中。

③ 适当的助焊剂。助焊剂在熔化时能熔解被焊金属表面的氧化膜和污垢，并能增强焊锡的流动性。

④ 润湿。焊锡应在被焊金属表面产生润湿现象，使焊锡与被焊接金属原子之间因内聚力作用而融为一体。

⑤ 有足够的温度。足够的温度才能使焊锡熔解，同时使被焊金属的温度升高，焊锡向被焊金属缝隙渗透和表面层扩散。

1．印制电路板焊接方法

（1）加热

印制电路板上的焊接，通常使用35W以内的电烙铁。烙铁温度根据焊接点热容量的大小，控制在250℃左右。加热时，烙铁头应同时接触引线和焊盘，使两种金属均匀加热。

（2）加焊料

印制电路板焊接所用的焊料，应该根据印制导线的密度和焊盘的大小，采用$\phi 0.5\sim\phi 1.2$mm的线状焊料（松脂芯焊锡丝）。当焊接部位达到焊接温度后，即供给适量的焊料，焊料熔化后烙铁头带动焊料沿焊盘移动一段距离，促使焊料分布均匀，焊点饱满。

从加热到焊接结束，时间应小于3s。焊接过程中，为了保护印制导线和焊盘，烙铁头不要使劲摩擦焊接部位，也不要在一个位置长时间加热，以免造成铜箔脱胶或脱落。

2．印制电路板焊接要求

（1）单面印制电路板的焊接

元件应装在印制导线的反面（即无铜箔面），引线插过洞孔与焊盘接在一起，如图3.1.4所示。

（2）金属化孔双面印制电路板的焊接

焊接时采用单面焊接方法，使焊料在孔内充分润湿，并流向另一侧，如图3.1.5所示。若采用

两面焊接，应充分加热，使孔内气体排出。

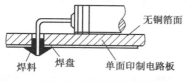

图 3.1.4　单面印制板焊接

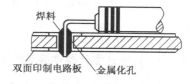

图 3.1.5　双面印制板焊接

操作分析 2 **铸塑元器件的焊接**

一些采用热铸塑方式制成的元器件，如开关（见图 3.1.6）、接插件（见图 3.1.7）等，它们最大的弱点就是不能承受高温。对这类元器件的焊接，若不注意加热时间，极有可能造成塑性变形，导致元器件失效、性能降低或造成隐性故障。因此，这类元器件焊接时必须注意以下两点。

① 焊接前，引线或焊件表面要清洁、上锡，上锡时及在焊接中不应对引线或焊件施压。

② 在保证润湿的情况下，焊接时间应越短越好。

图 3.1.6　热铸塑开关

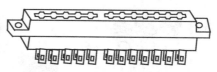

图 3.1.7　热铸塑接插件

操作分析 3 **MOS 集成电路焊接**

MOS 集成电路，即主要由绝缘栅（MOS）场效应晶体管制成的集成电路。MOS 管因其栅极绝缘，所以栅漏之间相当于一个具有很大电阻的电容器，若用没有接地的电烙铁去焊接，或用手碰它的管脚，就能使栅漏结被静电感应而充电，其充电电压足以大于击穿电压，而使管子损坏。有些静电人体尚未有感觉，却已使 MOS 集成电路完全损坏。因此，对 MOS 集成电路焊接时必须注意以下 5 点。

① 操作者事先应穿戴棉制或防静电工作服，戴工作帽、细纱手套，系上防静电腕环，并确保防静电腕环良好接地。

② 焊接前，应将 MOS 集成电路各个引线短路。

③ 最好使用恒温 230℃的电烙铁。若用 20W 内热式电烙铁，则应保证接地可靠。若用外热式电烙铁，应采用烙铁断电，用余热焊接。在保证润湿的前提下，焊接时间应尽可能短。

④ MOS 集成电路不宜放在铺有橡皮、塑料等易于积累静电材料的工作台上。

⑤ 集成电路若不使用插座，直接焊到印制电路板上，安全的焊接顺序为：地端→输出端→电源端→输入端。

操作分析 4 **中周、发光二极管、瓷片电容器、驻极体话筒等的焊接**

这类元器件如图 3.1.8 所示，它们的共同弱点是加热时间过长，就可能使元器件失效。例如，中周会造成内部尼龙支架变形损坏，使其失去调节功能；驻极体话筒会造成内部焊点脱焊、焊盘脱胶等；瓷片电容器容易造成开裂损坏；发光二极管则使管芯损坏。因此，中周、瓷片电容器、发光二极管等元器件，在焊接前应做好引线表面清洁与上锡，使其焊接的时间尽可能短。

操作分析5 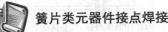 **簧片类元器件接点焊接**

簧片类元器件的共同特点是簧片制造时加有预应力，使其产生适当的弹力，以保证电接触性能良好。图3.1.9所示的继电器为簧片类元器件。如果在焊接过程中，对簧片施加外力，会破坏其接触点的弹力，严重时造成元器件失效。

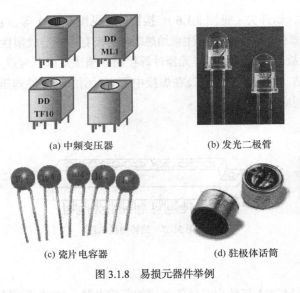

(a) 中频变压器　　　　(b) 发光二极管

(c) 瓷片电容器　　　　(d) 驻极体话筒

图3.1.8　易损元器件举例

图3.1.9　继电器

簧片类元器件的焊接要领

（1）可靠的表面清洁与上锡处理。

（2）加热时间要短。

（3）不可对焊点的任何方向施力。

（4）焊料适量。

技能训练　易损元器件焊接训练

1. 训练目标

① 熟练掌握焊接工具和辅助工具的正确使用。

② 熟练掌握印制板的焊接方法。

2. 训练器材与工具

（1）训练器材

焊接训练用印制板一块；按装配工艺表（见表3.1.1）准备元器件。

（2）工具

电烙铁、斜口钳、镊子钳、直尺等。

表 3.1.1 元器件装配工艺表

序号	元器件名称	数 量	插 装 要 求	备 注	工 具
1	发光二极管	5	不得倾斜，注意极性方向一致，二极管高出印制板 5mm		电烙铁、斜口钳、镊子钳、直尺等
2	瓷片电容器	5	标识方向一致，电容高出印制板 2～3mm		
3	拨动开关	3	贴印制板插平		
4	8 脚拨码开关	3	贴印制板插平		
5	立式微型电位器	3	贴印制板插平		
6	16 脚集成块插座	3	贴印制板插平		
7	数码管	2	贴印制板插平		

3. 训练内容与步骤

插焊内容：根据插装工艺要求和装配工艺表，在印制板上完成一组元器件的插装和焊接。

插装顺序：集成块座、拨码开关、数码管、瓷片电容器、拨动开关、发光二极管、电位器。

4. 训练要求

① 正确使用焊接工具和辅助工具。

② 元器件按自定位置插焊，相同元器件集中插焊，左右对齐、上下对齐。

③ 元器件标志方向一致，插装高度尺寸、成形应符合工艺要求。

④ 焊接点应大小匀称、有光泽、无毛刺，无虚焊、漏焊、桥接现象。

⑤ 不能损坏印制板焊盘，遵守安全生产操作规定。

▶ 训练评价

按表 3.1.2 中所示内容作焊点质量检验，并将检验结果填入表中。

表 3.1.2 焊点质量检验与评价表

班 级		姓 名		学 号		成 绩	
工时定额		实用工时		起止时间：自 时 分至 时 分			
序 号	项 目 检 查	配分比例		评 分 标 准			扣分
1	元器件插装	10 分		不符合工艺要求，每只扣 1 分			
2	焊点光泽	10 分		焊点无光泽，每点扣 1 分			
3	焊点针孔、气泡	10 分		有针孔、气泡，每点扣 1 分			
4	焊点毛刺	7 分		有毛刺，每点扣 1 分			
5	焊点均匀性	8 分		大小不均匀，每点扣 1 分			
6	虚焊	20 分		每点扣 5 分			
7	漏焊	15 分		每点扣 5 分			
8	桥接	20 分		每点扣 5 分			
指导老师签字							

任务二 实用拆焊技能

在电子产品装配过程中，有时会发生插错现象；在调试过程中，有时需要更换元器件；在维修时，需要调换损坏的或变质的元器件。以上操作都需要进行拆焊。因此，熟练掌握拆焊技能，对从事电子产品调试和维修的技术人员来说是必不可少的。

基础知识

拆焊，即将已焊接处拆除并取下元器件，也称为解焊。在实际操作中，拆焊要比焊接难度大。拆焊方法不当，往往会造成元器件的损坏、印制导线的断裂或焊盘的脱落。良好的拆焊技术，能保证调试、维修工作顺利进行，避免由于更换器件不得法而增加产品故障率。

知识链接 1 拆焊技术要求

① 不能损坏被拆焊元器件以及元器件的标识。

② 不能损坏被拆元器件的焊盘以及印制导线。

③ 清除焊盘上残余焊锡。

④ 穿出焊孔，以备再焊接。

知识链接 2 拆焊的操作要点

① 拆焊时，动作要轻、快，严格控制加热时间和加热温度。

② 拆焊时，不能烫坏其他元器件。

③ 在拆焊过程中，严禁摇动被拆元器件，以免焊盘翘起或脱落。

操作分析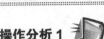

操作分析 1 普通元器件拆焊方法

普通元器件的拆焊通常可采用镊子钳拆焊法、针头拆焊法、吸锡器或吸锡电烙铁拆焊法、铜编织线拆焊法、同步加热拆焊法、专用烙铁头拆焊法等。

1. 镊子钳拆焊法

镊子钳拆焊法如图 3.2.1 所示。

① 用镊子钳夹住被拆元器件，做好将元器件拉出的准备，同时固定印制电路板。

② 用烙铁头对被拆元器件的各个焊点作迅速交替加热。

③ 待焊点上焊锡全部熔化，将元器件轻轻拉出。

④ 用烙铁头的斜平面快速清除焊盘上的余锡。

⑤ 用针钻或普通镊子的尖头部分，在焊点热化时，轻轻穿出焊孔，以备再焊接之用。

此方法对于拆焊电阻器、电容器、二极管、晶体管等一些引线较少的元器件非常适用。

2. 针头拆焊法

取医用 8~12 号空心针头几个。使用时以针头的内经正好套住元器件引脚为宜，如图 3.2.2 所示。

① 将印制电路板的焊接面向上，平放固定。

② 用烙铁头对被拆焊点加热，使焊锡熔化。

③ 用针尖被磨平的大号注射针的针管套住元器件的引线插到底。

④ 来回转动针管，并移开电烙铁。

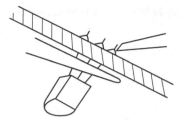

图 3.2.1 镊子钳拆焊法

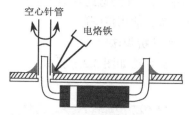

图 3.2.2 针头拆焊法

⑤ 待焊料重新冷却固化后，拔出针头。

⑥ 逐个将元器件引线与焊盘脱离，即可拆下元器件。

此方法适用于引线较细的元器件拆焊。

3. 吸锡器或吸锡电烙铁拆焊法

吸锡器实际上是一个小型手动空气泵，压下吸锡器的压杆，就排出了吸锡器腔内的空气；释放吸锡器压杆的锁钮，弹簧推动压杆迅速回到原位，在吸锡器腔内形成空气的负压力，就能够把熔融的焊料吸走，如图 3.2.3（a）所示。

吸锡电烙铁是一种既可以吸锡，又可以焊接的特殊电烙铁，它是集拆、焊元器件为一体的新型电烙铁。电源接通 3～5s 后，把活塞按下并卡住，将锡头对准欲拆元器件引脚。吸锡烙铁的结构和使用方法如图 3.2.3（b）所示。

① 将印制电路板的焊接面向上，平放固定。

② 将吸锡烙铁的气阀按钮压下并卡住。

③ 用吸锡吸嘴套住引线对焊点加热。

④ 待锡熔化后按下按钮释放气阀按钮，将液态焊锡吸进吸管内。

此拆焊法安全可靠，尤其工作量大时，最有效。

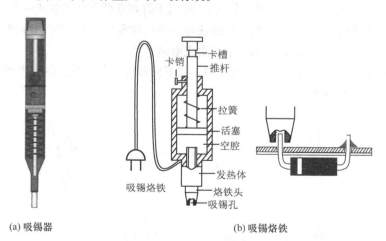

(a) 吸锡器   (b) 吸锡烙铁

图 3.2.3 吸锡烙铁拆焊法

4. 铜编织线拆焊法

铜编织线拆焊如图 3.2.4 所示。

① 将印制电路板的焊接面向上，平放固定。

② 铜编织线头部浸透助焊剂，放在待拆点上。

③ 将烙铁头放在浸透助焊剂的铜编织线上加热，待焊料熔化后，焊料便会自动被编织线吸去。此方法简单，适用范围广。

5. 同步加热拆焊法

同步加热拆焊法如图 3.2.5 所示。

图 3.2.4　铜编织线拆焊法

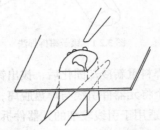

图 3.2.5　同步加热拆焊法

① 用较多的焊锡将被拆元器件的所有焊点焊连在一起。
② 用医用镊子钳夹住被拆元器件，做好将元器件拉出的准备。
③ 平放固定印制电路板。
④ 将 35W 内热式电烙铁头斜面向下，对被拆焊点作平面快速移动加热或平面旋转加热，使所有焊点同时得到加热。
⑤ 待焊锡全部熔化后，将元器件轻轻拉出。
⑥ 清理焊盘。
⑦ 穿出焊孔。

此方法对拆小面积、多引线的元器件，如中周、振荡线圈等非常有效。

6. 专用烙铁头拆焊法

专用烙铁头如图 3.2.6 所示，其中，图（a）适用于拆焊双列直插式集成电路，图（b）适用于拆焊四列扁平式集成电路，图（c）是专用烙铁与烙铁头的配合使用，图（d）适用于拆焊多个焊点的元器件，图（e）适用于拆焊双列扁平式集成电路。

用专用烙铁头可同时对各个焊点一次加热。取下元器件后，还需作焊盘表面残余焊锡清理，有些还需再作焊盘穿孔操作。

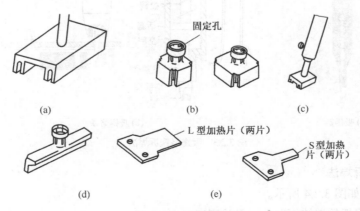

图 3.2.6　专用拆焊工具

注意

- 被拆焊点的加热时间不能过长。当焊料熔化时，及时将元器件引线按与印制板垂直的方向拔出。
- 尚有焊点没有被熔化的元器件，不能强行用力拉动、摇晃和扭转，以免造成元器件和焊盘的损坏。
- 拆焊完毕，必须把焊盘孔内焊料清除干净。

操作分析2 贴片元器件拆焊方法

贴片元器件体积小、焊点小，在无专用工具的条件下，其拆焊是相当困难的。贴片元器件的拆焊不同于通孔插装元器件板，必须对所有引脚同时加热，在焊料全部熔化之后才能取下，否则将损坏焊盘。

1. 用尖头电烙铁拆焊

① 拆卸贴片元器件时，先用小毛刷在焊点上涂助焊剂，以去除氧化层。

② 将加热的烙铁头吃满锡后，在浸湿的清洁块上擦拭干净，使之能与焊点接触紧密，利于导热，加快熔化过程。

③ 先用电烙铁在贴片元器件的一端（或引线）加热，一旦焊点熔化，用吸锡器将焊锡吸走，如图 3.2.7（a）所示。若无吸锡器，也可以用金属编织带将焊锡吸走，如图 3.2.7（b）所示。对少引线的元件，还可用针状工具将引脚迅速轻轻地挑起，使引脚与印制板上的焊盘脱离。

④ 然后再用电烙铁对所有焊点直接加热，同时，用镊子钳夹着贴片元器件，待全部焊点熔化，立即上提即可将贴片元器件拆下来了，如图 3.2.7（c）所示。注意，加热时间不宜超过 5s。

用挑引脚的方法对片状矩形阻容元件、二极管、晶体管和小型集成电路的拆除还比较有效，但对拆除大外形、多引线的片状元器件就很困难了，稍有不慎即有可能损坏焊盘。

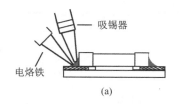
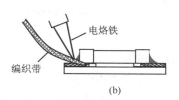
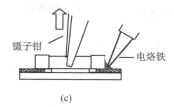

（a）　　　　　　　　　（b）　　　　　　　　　（c）

图 3.2.7　片状元件拆焊示意图

2. 用热风吹焊机拆焊

热风吹焊机又称热风枪。从焊接的原理来说，热风吹焊与传统焊接并没有什么区别，只是熔化焊料的方式不同，前者为非接触式的热气熔化，而后者是靠电烙铁头接触式的热传导熔化。实施吹焊时，热风枪通过热风工作台，利用其吹出的高温热风将焊锡熔化。通常热风枪温度可高达400℃，操作时要注意安全。

① 为了能准确地控制并引导热气流至所需的焊盘和元器件引脚，需给热风口加上与元件对应的特殊专用管嘴，以避免影响邻近其他元件。

② 在待拆焊片状元器件引脚上涂上松香水。

③ 然后将焊枪通电，调整热风工作台面板上的旋钮，使热风的温度和送风量适中。右手拿焊

枪对准待拆焊片状元器件引脚快速移动，使各个引脚轮流加热，左手拿尖头镊子夹住待拆焊片状元器件，当焊锡完全融化后，左手迅速将待拆焊片状元器件提起，如图3.2.8所示。

图3.2.8 热风枪拆焊示意图

热风枪使用方便，可拆装大外形、多引线、任意开关的元器件。局部加热不接触工件，与电烙铁相比成功率较高，但需要一整套与不同元器件配套的管嘴，且对操作的要求较高，需经过多次练习和试验才能掌握，否则拆卸时易损坏焊盘。

3. 清理焊盘

贴片元器件拆下后，焊盘上还有许多残锡，会给重新焊接造成困难，必须清理干净。清理焊盘有两种方法，一种方法是用电烙铁头和由细铜线编织的吸锡带沁上松香，将残锡吸掉。吸锡时一定要注意，吸锡带的移动方向要顺着焊盘的走向，不要横移，否则极易损坏焊盘。另一种方法是用热风枪对焊盘热风整平。残锡清理完后，用脱脂棉蘸酒精将残余松香清理干净，为下次焊接作准备。

技能训练 拆焊技能练习

1. 训练目标
① 了解各种元器件拆焊时的注意事项。
② 掌握拆焊技能的技术要求、拆焊的操作要点。
③ 熟练掌握元器件的镊子钳拆焊法、吸锡器拆焊法及同步加热拆焊法。

2. 训练器材与工具
（1）训练器材
分立元件收音机电路板1块。
（2）工具
35W内热式电烙铁1把，镊子钳，吸锡器。

3. 训练内容与步骤
在分立元件收音机电路板上完成电阻器5个、瓷片电容器5个、电解电容器5个、晶体管3个、中周2个的拆焊。拆焊步骤：中周、电解电容器、晶体管、瓷片电容器、电阻器。

4. 训练要求
① 用吸锡器拆焊法及同步加热拆焊法各拆焊一个中周。

② 不损坏被拆元器件以及元器件的标识。

③ 不损坏元器件的焊盘。

④ 清理元器件引线。

⑤ 清除焊盘上的残余焊锡。

⑥ 清理焊孔。

➤ 训练评价

按拆焊技能的技术要求及表 3.2.1 中项目评价，将评价结果填入表 3.2.1 中。

表 3.2.1　　　　　　　　　　　　拆焊技能评价表

班　级		姓　　　名		学　号		成　　绩	
工时定额		实用工时		起止时间：自　　时　　分至　　时　　分			
序　号	项 目 检 查		配分比例	评 分 标 准			扣分
1	拆焊后的元器件		40 分	1. 拆焊后的元器件引脚折断，每只扣 10 分 2. 元器件涂覆层烫坏，每只扣 2 分 3. 元器件失效，每只扣 10 分			
2	电路板上焊盘		25 分	焊盘翘起、脱落，每处扣 5 分			
3	拆焊后的焊盘、焊孔处理情况		15 分	焊盘上余锡未清理、焊孔未穿孔，每处扣 1 分			
4	拆焊后的元器件引脚处理情况		20 分	元器件引脚上余锡未清理，每个扣 1 分			
指导老师签字							

任务三　工业自动焊接简介

随着电子技术的发展，电子产品日趋集成化、小型化、微型化，电路越来越复杂，产品组装密度也越来越高，手工焊接已不能同时满足对焊接高效率和高可靠性的要求，自动化焊接必然成为印制电路板的主要焊接方法。

 **┘ 基础知识 └**

 知识链接 1　　　浸焊

浸焊是将插装好的印制电路板浸入熔化状态的焊料液中，一次性完成所有焊点焊接的一种方法。浸焊的优点是比手工焊接生产效率高，所需设备简单，适用小批量生产；浸焊的缺点是补焊率较高，并容易产生虚焊，焊锡浪费严重。

图 3.3.1 所示为一种浸焊设备示意图。浸焊的工艺流程是：将插装好元器件的印制电路板用专用夹具放置在传送带上→喷涂助焊剂→烘干→浸焊→冷却→至切头机自动铲头→检查返修。

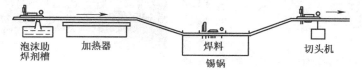

图 3.3.1　浸焊设备示意图

┘ **浸焊操作注意事项** └

- 操作人员操作前必须带好防护用品，以防止焊锡喷溅。
- 对未安装元器件的安装孔，要粘上胶带，以避免浸锡时被焊锡堵塞。
- 浸焊前将不耐高温或半开放式元器件用耐高温胶带封好，以免损坏。
- 由于锡槽中的高温焊锡表面极易氧化，因此必须经常清理，以免影响焊接质量。

知识链接2 　**波峰焊**

　　波峰焊是将熔化的软钎焊料，经电动泵或电磁泵喷流成设计要求的波峰，使预先装有电子元器件的印制电路板通过焊料波峰，实现元器件焊端或引脚与印制电路板焊盘之间机械与电气连接的软钎焊。波峰焊已经是一种很成熟的电子焊接工艺技术，目前主要用于通孔插装和混合组装方式中插装组件的焊接，是电子产品进行焊接的主要方式。图3.3.2所示为一种比较先进的全自动无铅波峰焊接机，其主要工艺流程图如图3.3.3所示。

图3.3.2　全自动无铅波峰焊接机

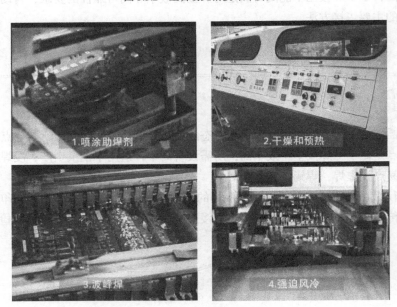

图3.3.3　波峰焊接主要工艺流程图

1. 喷涂助焊剂

由控制系统将安装在夹具上的印制电路板送入波峰焊机后，在传送机构的带动下，通过液态助焊剂的上方时，在元器件的引出端均匀涂上一层薄薄的助焊剂。

喷涂助焊剂的作用是提高被焊焊件表面的润湿性和去除氧化物。图 3.3.4 所示为一种发泡式喷涂器。泡沫喷涂器工作时，压缩空气通过气压调节器送入多孔瓷管，在气压的作用下，助焊剂即从微孔内喷出细小的泡沫，喷射到印制板上。

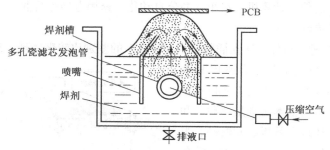

图 3.3.4　发泡式喷涂器

2. 预热工序

预热的目的是挥发助焊剂中的溶剂，激活焊剂，减少印制板与锡波接触时遭受的热冲击，提高焊接质量。热风式加热器如图 3.3.5 所示，其特点是：温度变化小、预热温度均匀。

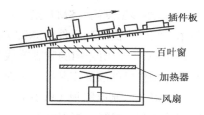

图 3.3.5　热风式加热器

3. 焊接工序

经喷涂助焊剂和预热后的印制电路板，由传送机构送入焊料槽，缓慢通过锡峰；焊接装置中的机械泵，源源不断地泵出熔融焊锡，形成一股平滑的焊料波峰，印制电路板面与焊料波峰接触，使每个焊点与锡面的接触时间为 3～5s，完成印制电路板上所有焊点的焊接。

波峰焊分为单向波峰焊和双向波峰焊。焊料向一个方向流动且方向与印制板移动方向相反的称为单向波峰，如图 3.3.6 所示；焊料朝两个方向流动的称为双向波峰，如图 3.3.7 所示。

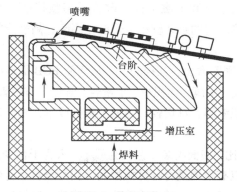

图 3.3.6　单向波峰

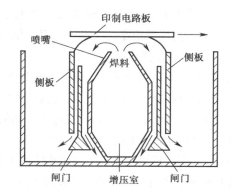

图 3.3.7　双向波峰

4. 冷却工序

印制板焊接后，板面温度很高，焊点处于半凝固状态，很小的振动都会影响焊点的质量。另外，印制板长时间承受高温，也会影响元器件的质量。因此，焊接后的印制电路板需经冷却处理，波峰焊通常采用风扇冷却处理。

知识链接 3　表面安装技术简介

表面安装技术（SMT），作为目前电子组装行业里最流行的一种技术和工艺，虽然仅有 50 余年历史，但却充分显示出其强大的生命力，已进入大范围工业应用的旺盛期。目前，SMT 已广泛应用于航空、航天、通信、计算机、汽车、办公自动化、家用电器等行业。

1. SMT 的主要特点

SMT 的特点可以通过与传统通孔插装技术（THT）的差别比较来体现，SMT 无须对 PCB 钻插装孔，是直接将片状元器件贴、焊到 PCB 表面规定位置上的装连技术。从组装工艺技术角度分析，SMT 和 THT 的根本区别是"贴"和"插"。两者的差别还体现在基板、元器件、组件、组件形态、焊点形态、组装工艺方法等各个方面。图 3.3.8 所示为通孔插装技术与表面安装技术的外形区别。

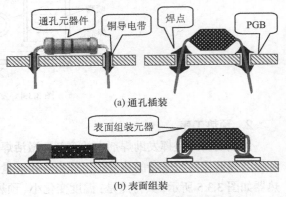

图 3.3.8　通孔插装技术与表面组装技术的外形区别

① 组装密度高。SMT 是一项高密度装连技术，它将表面安装元件（SMC）和表面安装器件（SMD），用专用的胶黏剂或焊料膏固定在预先制作好的表面安装印制电路板（SMB）或普通混装印制电路板（PCB）上，并在元器件表面实现焊接，能有效地利用印制板的面积，提高安装密度，减轻印制板的重量。一般采用 SMT 后可使电子产品的体积缩小 40%～60%，重量减轻 60%～80%。

② 可靠性高。SMC/SMD 无引脚或短引脚，其小而轻，又牢固贴焊在 PCB 板上，自动化生产程度高，产品抗震能力强，可靠性高，焊点缺陷率低，一般不良焊点率小于十万分之一，比通孔插装组件波峰焊接技术低一个数量级。

③ 高频特性好。SMT 密集安装降低了射频干扰和电磁干扰，改善了高频特性。同时，SMC/SMD 的封装噪声小，去耦效果好，信号传输时间的延时较小，安装在高频、高性能的电子产品中，SMT 可发挥良好的作用。

④ 降低成本。由于 SMT 可以使 PCB 的布线密度增加、孔径变细，从而使 PCB 面积减小，面积为采用通孔面积的 1/12；片状元器件无引脚或短引脚、体积小、重量轻，既可节省引脚材料，又减小了包装、运输和存储费用；电子产品的体积缩小、重量轻，降低了整机成本，相比通孔插装来说，SMT 降低成本高达 30%～50%。

⑤ 易于实现自动化生产。与通孔插装工艺相比，表面组装工艺较为简单，人为干预少，小元件及细间距器件均采用自动贴片机进行生产，可以有效地进行计算机控制，实行全自动化生产。

当然，表面安装元器件也存在着不足之处，如元器件上的标称数值看不清楚，维修调换器件困难，并需专用工具；元器件与印制板之间热膨胀系数一致性差；初始投资大，生产设备结构复杂，涉及技术面宽，费用昂贵等。随着专用拆装及新型的低膨胀系数印制板的出现，它们已不再成为阻碍 SMT 深入发展的障碍。

2. SMT 电路板制造工艺

表面安装电路板主要制造流程如图 3.3.9 所示，主要生产设备如图 3.3.10 所示。

图 3.3.9 表面安装工艺框图

(a) 锡膏印刷机

(b) 贴片机

(c) 贴片机正在贴片

(d) 再流焊机

图 3.3.10 SMT 印制板主要生产设备

① 印制板安装。印制板固定在带抽真空的吸盘上，板面设有坐标。

② 锡膏印刷。焊膏的作用是将表面组装元件的末端同焊盘接在一起。焊膏通过丝网、模板或涂覆的方法涂于表面组装焊盘上。焊膏是将焊料粉末与具有助焊功能的糊状焊剂混合而成的一种浆料。目前涂覆焊膏多数采用丝网漏印法，其优点是操作简单、快速，配制后即刻可用；其缺点是易造成虚焊，成本较高。

③ 贴装。用一定的方式将 SMC/SMD 等各种类型的表面组装元器件准确地贴放到 PCB 指定的位置上的过程称为贴装，相应的设备称为贴装机或贴片机。

④ 再流焊。再流焊是通过重新熔化预先分配到印制板焊盘上的焊膏（焊料再流），在液状载体中再次出现熔化流动的液状焊料时完成焊接。再流焊在焊接过程中不需要添加任何额外焊料，它的加热方法有红外线加热、气相加热、激光加热等。

⑤ 清洗。通常 SMC/SMD 在焊接后，其板面总是存在不同程度的焊剂残留物及其他类型的污染物，如残留胶、手迹、飞尘等。因此，清洗对保证电子产品可靠性有着极其重要的作用。目前，通常采用气相清洗、喷射冲洗、超声波清洗等技术。

从清洗的概念来讲，不管采用何种溶剂清洗，也不管采用何种方法，都会产生新的污染源。从环保角度来讲，应尽可能不清洗 PCB。因此，当今国内外已积极开始研究免清洗材料。

技能综合训练

1. 训练目标

① 熟练掌握焊接工具和辅助工具的使用。

② 熟练掌握印制板的焊接方法。

③ 掌握常用元器件的拆焊方法。

2. 训练器材与工具

（1）训练器材

① 按表 3.3.1 所示的元器件插装、焊接材料清单准备元器件。

② 焊接训练用印制板 1 块。

③ 集成电路收音机电路板 1 块。

表 3.3.1 元器件插装、焊接材料清单

序 号	符 号	名称、型号、规格	数 量	备 注
1	VT1、VT2	晶体管 S9013	10	
2	LED1 红	发光二极管	1	
3	LED2 绿	发光二极管	1	
4	VD1	二极管 4007	5	
5	VD2	二极管 4148	5	
6	C1	瓷片电容器 223	5	
7	C2	CBB 104 棕色	4	
8	C3	电解电容器	4	
9	R1	电阻器 43kΩ	10	
10	R2	电阻器 220kΩ	10	
11	RP	电位器（103、104 通用）	2	
12	DIP	集成块插座	2	
13	LDE3	数码管	1	
14	Switch	编码开关	2	

（2）工具

35W 内热式电烙铁 1 把，斜口钳，镊子钳，整形钳，吸锡器，尺。

3. 训练内容与步骤

（1）训练内容

① 根据插装工艺要求和装配图，在焊接训练用印制板上完成一组元器件的插装焊接。

② 在集成电路收音机电路板上完成电阻器、瓷片电容器、电解电容器各 5 只，晶体管、中周各 1 只，集成电路 1 块的拆焊。

（2）训练步骤

① 电烙铁、斜口钳、镊子钳、整形钳、尺、吸锡器等工具检查。

② 按清单清点元器件数量。

③ 按由低到高、由小到大的步骤焊接。

④ 按由高到低、由大到小的步骤完成元器件的拆焊。

4. 操作要求

① 正确使用焊接工具和辅助工具。

② 元器件按照图 3.3.11 所示进行插焊、装配。

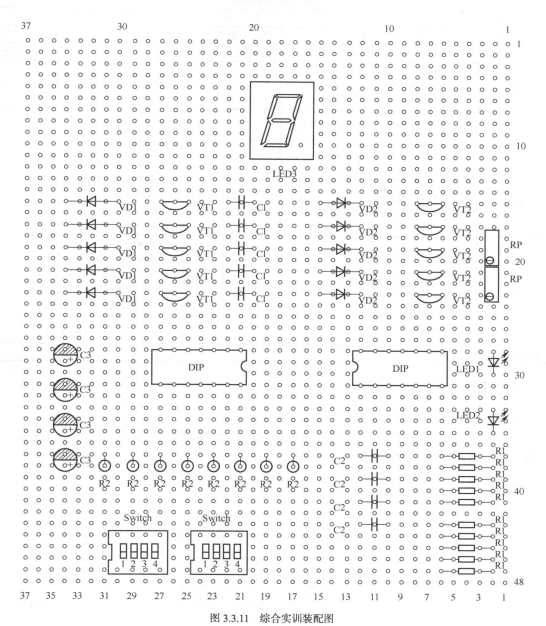

图 3.3.11 综合实训装配图

③ 元器件标志方向、插装高度尺寸及成型应符合元器件装配工艺表要求。

④ 焊接点应大小均匀、有光泽，无毛刺，无虚焊、漏焊、桥接现象。

⑤ 无错装、漏装现象。

⑥ 不能损坏印制板焊盘，遵守安全生产操作规定。

⑦ 拆焊时，严格按照拆焊技术要求和要领进行操作。

⑧ 在规定时限内完成插焊、拆焊，不允许超时。

将综合实训评价填入表 3.3.2 中。

表 3.3.2　　　　　　　　　　　　　综合实训评价表

班　级		姓　名		学　号			成　绩	
工时定额		实用工时		起止时间：自　　时　　分至　　时　　分				
项目	技术要求		配分比例	评分标准				扣分
成型	1. 不损坏元器件本体、表面封装，引线部分无明显压痕 2. 引线成型尺寸应符合安装要求		15分	1. 损坏元器件引脚，每只扣5分 2. 成型不符合要求，每只扣1分				
插装	1. 所有元器件按工艺文件要求进行装连 2. 保证元器件标志符合要求，易于识别 3. 元器件无错装、漏装现象		20分	1. 元器件标志方向、插装高度尺寸不符合要求，每只扣1分 2. 排插不整齐扣5分 3. 错装、漏装，每只扣3分				
焊接	1. 元器件焊接牢固，其表面无损伤 2. 焊点表面光滑，无针孔、气泡、溅锡、桥接、虚焊、漏焊，焊料包围并润湿引线和焊盘		20分	1. 焊点大小不均匀、不光滑等不符合工艺要求，扣1~10分 2. 虚焊、桥接、漏焊等，每处扣5分 3. 焊盘翘起、脱落，每处扣5分				
拆焊	1. 不损坏被拆元器件引脚以及元器件的标识 2. 不损坏元器件的焊盘 3. 清理元器件引线 4. 清除焊盘上残余焊锡 5. 清理焊孔		45分	1. 元器件涂覆层烫坏，每只扣1分 2. 元器件引脚折断，每只扣5分 3. 元器件失效，每只扣10分 4. 焊盘翘起、脱落每处扣5分 5. 焊盘上余锡未清理、焊孔未穿孔，每处扣1分 6. 元器件引脚未整理，每处扣1分				
指导老师签字								

项目小结

锡焊机理由扩散、润湿、结合层这3个过程来表述。

印制电路板是由印制电路加基板构成的。印制电路板可分为单面印制电路板、双面印制电路板、多层印制电路板和挠性印制电路板。

铸塑元器件焊接前应先做好焊件或引线的表面清洁、上锡，上锡和焊接时不应对焊件或引线施压，在保证润湿的前提下，焊接时间越短越好。

MOS 集成电路焊接时应做好防静电保护及适当控制焊接温度。

拆焊是焊接的逆过程。拆焊通常可分为镊子钳拆焊法、针头拆焊法、吸锡器或吸锡电烙铁拆焊法、铜编织线拆焊法、同步加热拆焊法、专用烙铁头拆焊法等几种。

浸焊是将插装好元器件的印制电路板浸入熔化状态的焊料液中，一次完成所有焊点焊接的一种方法。浸焊的工艺流程是将插装好元器件的印制电路板用专用夹具放置在传送带上→喷涂助焊剂→烘干→焊接→铲头→冷却。

波峰焊可分为单向波峰焊、双向波峰焊两种。波峰焊的工艺流程为准备→装件→焊剂喷涂→预热→波峰焊→冷却→铲头→清洗。

适合 SMT 的焊接有波峰焊和再流焊两种。

思考与练习

一、判断题（对写"√"，错写"×"）

1. 热风枪只能用来拆贴片元器件。　　　　　　　　　　　　　　　　　　　（　　）
2. 波峰焊接工序中是先预热再涂布助焊剂。　　　　　　　　　　　　　　　（　　）
3. 跨接线、电阻器和电容器3种元器件的插件顺序是：电阻、电容、电阻。（　　）
4. 造成手工焊点焊料过少的主要原因是焊料未凝固前焊件抖动。　　　　　（　　）

二、简答题

1. 简述锡焊机理。
2. 什么叫做印制电路板？它有什么作用？
3. 试说明有机铸塑元器件、簧片类元器件焊接的注意事项。
4. 试述MOS集成电路焊接时应注意哪几点。
5. 常见的焊点缺陷有哪些？如何避免这些缺陷？
6. 什么叫拆焊？拆焊技能的技术要求是什么？拆焊时应注意哪几点？
7. 试述镊子钳拆焊法的拆焊步骤。
8. 什么叫做浸焊？它有什么优缺点？
9. 什么叫做表面安装技术？

项目四

安装与连接工艺

安装是电子产品生产过程中一个极其重要的环节，如果安装方法不正确，就可能使各项技术指标达不到预期要求或不能用最合理、最经济的方法实现。电子产品安装过程中，锡焊是必不可少的实现电气连接的工艺手段，除此之外，大量的零部件、导线需要依靠螺接、压接、绕接、接插件连接等其他连接工艺来实现机械连接与电气连接。在本项目中，将通过完成零部件的安装任务，来学习螺接工艺；通过对各种导线的连接工艺的学习，熟悉压接、绕接等其他连接工艺。

知识目标

● 明确安装工艺的基本要求，理解变压器、散热器等正确安装的重要性。

● 熟悉常用紧固工具及其选用方法。

● 熟悉常用紧固件及其选用方法，掌握紧固方法。

技能目标

● 掌握电位器、指示灯、功率集成电路等典型常见的安装方法，并能正确使用工具。

● 能按导线及扎线加工表正确加工线束。

● 熟悉压接工具及压接方法。

● 学会接插件连接的方法和技巧。

任务一 零部件安装技术

对于制造电子产品来说，可靠与安全是两个重要因素，而零部件的安装对于保证产品的安全可靠至关重要。在电子产品安装过程中，许多体积质量较大的元器件（如功率器件的散热器、变压器等）、面板及面板器件（如电位器、指示灯等）、电路板、外壳等常需要用螺钉、螺母进行紧固安装，而且随着制造业专业化、集成化过程的加快，紧固安装在整个产品安装中的比例还在逐步增大。用螺钉、螺母将零部件紧固在各自的位置上，看似简单，但要达到牢固、安全、可靠的要求，则必须对紧固件的规格、紧固工具、操作方法等进行合理选择。

┘基础知识└

知识链接 1 安装技术基础

要保证电子产品的安全与可靠，安装工艺应该达到以下基本要求。

1. 保证导通与绝缘的电气性能

电气连接的通与断，是安装的核心。这里所说的通与断，不仅是在安装以后简单地使用万用表测试的结果，而且要考虑在振动、长期工作、温度、湿度等自然条件变化的环境中，都能保证通者恒通、断者恒断。图 4.1.1 所示为两个安装实例。

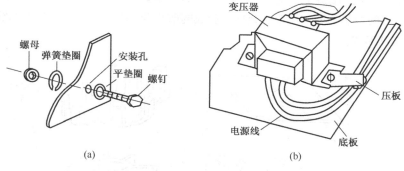

图 4.1.1 安装示例

图 4.1.1（a）所示为一台仪器机壳为接地保护螺钉设置的焊片组件。安装中，靠紧固螺钉并通过弹簧垫圈的止退作用保证电气连接。如果在安装时漏装了弹簧垫圈，虽然工作初期能保持电气连接，但工作中的振动会使螺母逐渐松动，导致连接发生问题，甚至使该接地保护作用失效。

图 4.1.1（b）所示为电子装置中利用紧固变压器的紧固螺钉固定电源线。安装中，若金属压片有毛刺、尖角，或因螺钉紧固力太大而破坏电源线绝缘层，导致机壳与电源线连通，会造成严重的安全事故。

2. 不损伤产品零部件

安装时应避免由于操作不当而损伤所安装的零件及相邻的零部件。例如，安装滑动开关、波段开关时，紧固力过大会造成开关变形失效；固定印制板时，螺丝刀滑出会擦伤印制板；装集成电路时易折断管脚等。

3. 保证机械强度

电子产品在使用过程中，不可避免地会发生各种有意或无意的振动、冲击，如果机械安装不够牢固，电气连接不够可靠，都有可能因为加速运动的瞬间受力使安装件受到损坏。

图 4.1.2（a）所示为一个安装在印制板上的带散热器的晶体管，由于重心较高，显然仅靠印制板上的焊点难以支持较大重量的散热器的作用力；图 4.1.2（b）所示的变压器靠自攻螺钉固定在塑料机壳上，由于塑料机壳的强度有限，也很难保证机械强度。

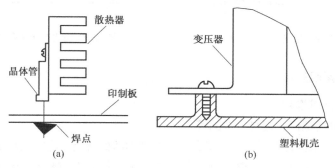

图 4.1.2 不良安装示例

4. 保证传热的要求

电子产品中的大功率器件，在工作过程中发出大量的热量而产生较高的温度，元器件受温度影响，就会降低电性能的稳定性，甚至会损坏元器件本身，所以，大功率电子元器件要采取散热措施。电子元器件的散热一般使用铝合金材料制成的散热器。散热器的形式较多，图4.1.3所示为一些常见的散热器形式。

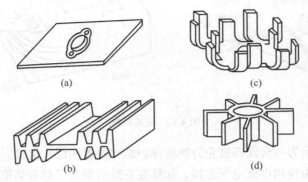

图 4.1.3　常见散热器外形

散热器的安装必须保证元器件外壳与散热器紧贴，接触面应尽可能大；也可以在接触面上涂导热硅脂，以减小热阻。

如图4.1.4所示，由于紧固螺钉不当，造成功率管与散热器贴合不良，影响散热。

5. 接地与屏蔽要充分利用

接地与屏蔽的目的有3个：一是消除外界对产品的电磁干扰；二是消除产品对外界的电磁干扰；三是减少产品内部的相互电磁干扰。接地与屏蔽在设计中要认真考虑，在实际安装中更要高度重视。一台电子设备可能在实验室中工作正常，但在工业现场工作时，各种干扰可能就会出现，有时甚至不能正常工作，其中绝大部分是由于接地、屏蔽设计安装不合理所致。

图4.1.5所示为金属屏蔽盒，由于有接缝造成的电磁泄漏，会降低屏蔽效果。安装时在中间垫上导电衬垫，则可以提高屏蔽效果。

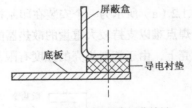

图 4.1.4　散热器贴合不良　　　　　图 4.1.5　导电衬垫提高屏蔽效果

知识链接2 **紧固安装**

1. 常用紧固件及其选用

常用的紧固件包括螺钉、螺母、垫圈等。

螺钉的类型很多，图4.1.6所示为常用螺钉按头部形状的分类。这些螺钉结构中，根据螺钉槽口的不同，又可分为一字槽和十字槽。由于十字槽具有对中性好，螺丝刀不易滑出的优点，所以使用更为广泛，但十字槽螺钉对螺丝刀的尺寸规格有一定的要求。现在在半圆头螺钉和圆柱头螺钉上还常用一种十字、一字兼顾的槽口，既能使用相应规格的十字螺丝刀，也可以使用尺寸较大的一字螺丝刀，以增大紧固力。

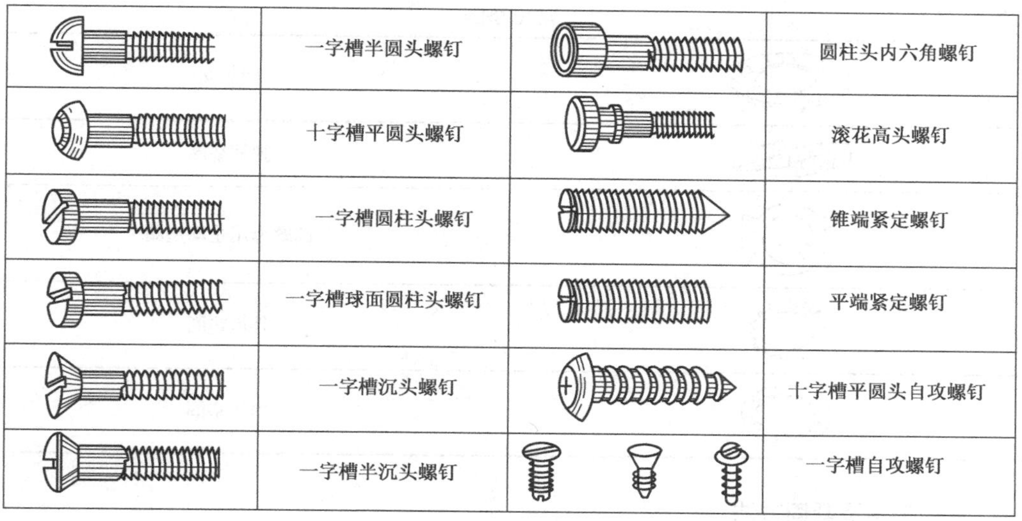

一字槽半圆头螺钉
圆柱头内六角螺钉
十字槽平圆头螺钉
滚花高头螺钉
一字槽圆柱头螺钉
锥端紧定螺钉
一字槽球面圆柱头螺钉
平端紧定螺钉
一字槽沉头螺钉
十字槽平圆头自攻螺钉
一字槽半沉头螺钉
一字槽自攻螺钉

图 4.1.6　常用螺钉

在大多数对连接表面没有特殊要求的情况下，都可以选用圆柱头或半圆头螺钉。其中，圆柱头螺钉特别是球面圆柱头螺钉，因为槽口较深，用螺丝刀拧紧时不易损坏槽口，因此比半圆头螺钉更适合用于需要较大紧固力的部位或螺丝刀不能垂直施加压力的部位，如图 4.1.7（a）所示。

当需要连接面平整时，应该用沉头螺钉；若沉头孔合适，可以使螺钉与平面保持同高并且使连接件准确地定位，如图 4.1.7（b）所示。但这种螺钉的槽口较浅，一般不能承受较大的紧固力。

当连接面不要求平整，但要求准确定位且所需拧紧力较大时，可选用半沉头螺钉，如图 4.1.7（c）所示。

自攻螺钉不需要在连接件上攻螺纹，结构简单，但这种螺钉不适合于经常拆卸或受较大拉力的连接，只能在木板或塑料底板上固定那些重量较轻的薄铁板或塑料件，如图 4.1.8 所示。像变压器、铁壳电容等较重的零部件不可仅用自攻螺钉固定。

螺丝刀

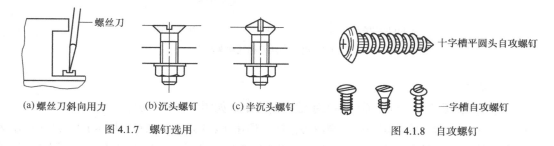

(a) 螺丝刀斜向用力　(b) 沉头螺钉　(c) 半沉头螺钉

图 4.1.7　螺钉选用

十字槽平圆头自攻螺钉
一字槽自攻螺钉

图 4.1.8　自攻螺钉

垫圈主要用于螺钉防松，常见的有平垫圈、弹簧垫圈、波形垫圈、齿形垫圈、止动垫圈等。其中，平垫圈不能防松，但能防止拧紧螺钉时螺钉与连接件的相互作用；弹簧垫圈使用最普遍，且防松效果好，但这种垫圈经多次拆卸后防松效果会变差，因此应在调整完毕最后工序时紧固它；齿形垫圈所需压紧力小但其齿能咬紧连接件表面，在电位器类元件中使用较多。表 4.1.1 所示为常见垫圈。

表 4.1.1   常见垫圈

	圆垫圈
	弹簧垫圈
	圆螺母用止动垫圈
	外齿垫圈
	内齿垫圈

2. 紧固工具及紧固方法

（1）常用紧固工具

紧固螺钉所用工具有普通螺丝刀、力矩螺丝刀、电动螺丝刀、气动螺丝刀、半自动螺丝刀，以及各种扳手。螺丝刀又叫螺丝起子、改锥。在电子产品安装中，通常紧固所需力矩不会太大，所以常用尖嘴钳子代替扳手。

每种尺寸的螺钉都有固定的最佳紧固力矩：

$$最佳紧固力矩 = （螺钉破坏力矩）×（0.6～0.8）$$

每一种紧固工具都按螺钉尺寸有若干规格，紧固安装时应按螺钉大小选用相应规格的工具。

力矩工具有打滑装置，可以保证以最佳力矩紧固螺钉。大批量生产中一般使用电动或气动紧固工具，它们也都有力矩控制机构，如图 4.1.9 所示。

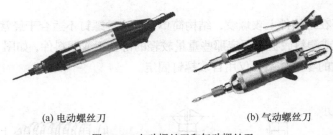

(a) 电动螺丝刀   (b) 气动螺丝刀

图 4.1.9   电动螺丝刀和气动螺丝刀

（2）紧固方法

① 使用普通螺丝刀，可以通过握刀手法控制力矩，如图 4.1.10 所示。

图 4.1.10（a）所示为力矩小时的螺丝刀推法，适用于 $\phi 3$ 以下的螺钉；图 4.1.10（b）所示为力矩稍大时的螺丝刀握法，适用于 $\phi 3 \sim \phi 4$；图 4.1.10（c）所示为力矩大时的螺丝刀握法，适用于 $\phi 5 \sim \phi 8$。

② 紧固操作时，应尽量使螺丝刀保持垂直于安装孔表面的方位旋转，每次旋转半圈左右，避免摇摆。螺钉与螺母或螺孔应始终保持垂直。

(a)力矩小　　　　　(b)力矩稍大　　　　　　(c)力矩大

图 4.1.10　螺丝刀握法

③ 紧固有弹簧垫圈的螺钉，应使弹簧垫圈刚好压平。

④ 成组螺钉紧固，采用对角轮流紧固的方法，如图 4.11 所示。按图示顺序，先轮流将全部螺钉预紧（刚刚拧上劲为止），再紧固。

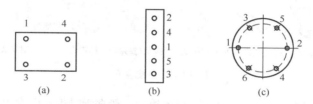

图 4.1.11　成组螺钉紧固顺序

最后用力拧紧螺钉时，切勿用力过猛，以防滑帽、滑扣，甚至拧断螺钉。

3. 螺钉防松

为防止紧固件松动和脱落，可以采用以下 4 种措施。

① 使用双螺母，如图 4.1.12（a）所示。利用两个螺母之间的相互作用力，增大螺纹间的摩擦力，防止螺母因振动而松动。

② 加装垫圈，如图 4.1.12（b）所示。平垫圈可以在拧紧时隔离螺钉与连接件，但不能起防松作用；弹簧垫圈使用最普遍，且防松效果良好，但多次拆卸会使垫圈产生金属疲劳，防松效果变差；齿形垫圈的齿能咬住连接件的表面，所需压紧力较小，但会损伤连接件表面。此外，常用的防松垫圈还有波形垫圈、止动垫圈等。

③ 使用防松漆或止退胶，如图 4.1.12（c）、（d）所示。防松漆的使用有点漆和蘸漆两种方式。点漆是紧固后在螺钉尾端露出部分涂上防松漆，利用漆凝固后封住螺母以防松动；蘸漆是紧固前在螺纹上涂上防松漆，利用漆在螺纹间增大摩擦力来防松动。

④ 加装开口销钉，如图 4.1.12（e）所示。

(a)加双螺母　　(b)加弹簧垫圈　　(c)蘸漆　　(d)点漆　　(e)加开口销

图 4.1.12　螺钉防松措施

知识链接3  无锡连接工艺基础

无锡连接工艺的特点是不需要焊料和助焊剂即可获得可靠的连接，解决了被焊件清洗困难和焊接面易氧化的问题，如螺纹连接、压接、绕接、接插件连接等。

1. 压接

（1）压接原理

压接通常是将导线压到接线端子中，靠外力使端子变形挤压导线，形成紧密接触，如图4.1.13所示。

（2）压接端子及工具

常用压接端子如图4.1.14所示。

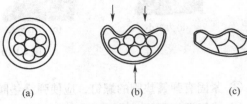

图4.1.13 压接原理示意图

环圈式　扁铲式　折变扁铲式　对接式(裸露)　挂钩式　对接式

图4.1.14 压接端子

图4.1.15所示为一种手工压接工具——压接钳。一般在批量生产中常用半自动或自动压接机完成压接的全部工序。

（3）压接操作

① 剥线。将压接导线按接线端子尺寸剥去线端绝缘皮。注意，保证芯线伸出压接部位 0.5～1mm，绝缘皮与压接部位距离为0.5～1mm。

② 调整工具。按导线外径和芯线截面调整压接钳，选择合适的刀口尺寸。

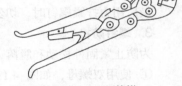

图4.1.15 压接钳

③ 压线。将端子及导线准确放入压接钳刀口，压下手柄。注意，不要让导线脱落，也不要让绝缘皮伸进压接部位。

图4.1.16所示为压接过程示意图。

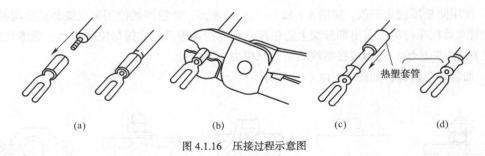

图4.1.16 压接过程示意图

2. 绕接

（1）绕接材料及形式

绕接通常用于连接绕线端子和导线。如图4.1.17所示绕线端子又称接线柱或绕线杆，一般由

铜或铜合金制成，截面通常为正方形、矩形、U形等带棱边的形状；导线一般采用单股铜导线。

(a) 接线柱截面形状　　　(b) 接线柱与支撑板　　　(c) 绕接点形状

图 4.1.17　绕接材料及形式

（2）绕接原理

绕接靠专用的绕接工具将导线按规定的圈数紧密绕在绕线端子上，利用绕线端子的棱角与导线形成精密的连接点。这种连接属于压力连接，由于导线以一定的压力与绕线端子的棱边相互挤压，使表面氧化物被压破，两种金属紧密接触，并形成合金层，从而实现良好的电气连接。

绕接实现的连接机械强度高、接触电阻小（约为 $1m\Omega$，是锡焊的十分之一），但体积较大，现在多用于火箭、坦克等大型设备中。

（3）对绕接导线的要求

导线去除绝缘层时，可以使用手工工具或自动机械剥除，但每种方法都不得损伤导线芯线，其导线芯线应保持平直。

导线绝缘层的剥脱长度按照表 4.1.2 所规定的圈数确定。剥去的绝缘层不得粘在导线上。另外，在接线柱上已绕过的导线退绕后应剪去，不得再用。

表 4.1.2　　　　　　　　　　　　　　　导线直径与导线的圈数规定

导线标准直径（mm）	导线的最少圈数
0.25	7
0.30	7
0.40	6
0.50	5
0.60	5
0.80	4
1.00	4

（4）操作方法

绕接常用的工具是电动绕枪，其结构如图 4.1.18 所示，它由电机驱动机构和绕线机构（绕头和绕套等）组成。绕头有不同的尺寸规格，应根据绕线端子的不同尺寸和绕线端子之间的距离，选用适当的绕头。

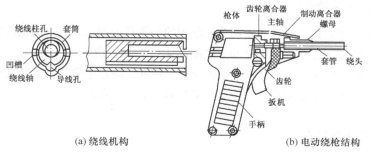

(a) 绕线机构　　　　　　　　(b) 电动绕枪结构

图 4.1.18　绕枪结构

绕接的操作步骤和注意事项如下。

① 准备导线。根据导线规格、绕线端子的截面积，确定导线剥头的长度；绕接的圈数不得少于 5 圈。剥头时不要损伤剩余导线，最好采用热剥离法进行剥头。

② 插入芯线。将剥头后的芯线全部插入芯线孔。

③ 芯线打弯。利用套筒上的凹槽将导线弯折，并用手指压住导线。

④ 插入绕线端子。将绕线端子插入绕线柱孔，注意绕枪不要紧压在底板上，否则会使芯线损伤。

⑤ 绕接芯线。开启电源，将芯线紧密绕接在绕线端子上，此过程仅需 0.1～0.2s。

图 4.1.19 所示为绕接过程示意图。

（5）绕接点质量

正确的绕接点如图 4.1.20 所示。图（a）中导线绝缘皮不接触绕线端子；图（b）中绝缘皮在绕线端子上缠绕一圈，以防止芯线从颈部折断。

绕接点要求导线排列紧密，不得有重绕、断线，导线不留尾。图 4.1.21 所示为常见连接不良示例。

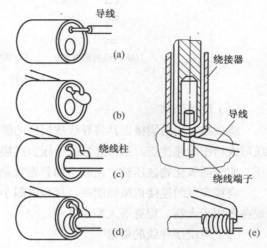

图 4.1.19　绕接过程示意图

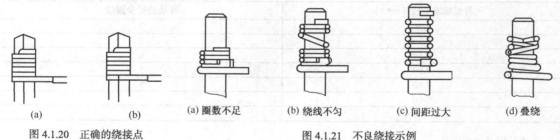

　　(a)　　　　　　(b)

图 4.1.20　正确的绕接点

(a) 圈数不足　　(b) 绕线不匀　　(c) 间距过大　　(d) 叠绕

图 4.1.21　不良绕接示例

操作分析

操作分析 1 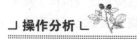　电位器安装

电位器的种类很多，在此以面板上调节控制用的电位器为例来说明。面板上调节控制用的电位器通常是螺纹安装结构，其安装顺序和方法如图 4.1.22（a）所示。

电位器上设置有定位销，必须对准装置板上的定位孔，防止电位器产生径向移动。弹簧垫圈或齿形垫圈起防松作用，平垫圈隔离电位器与装置板，无防松作用。

操作分析 2 　指示灯安装

指示灯是典型的面板安装器件，采用螺纹安装结构，安装方法如图 4.1.22（b）所示。

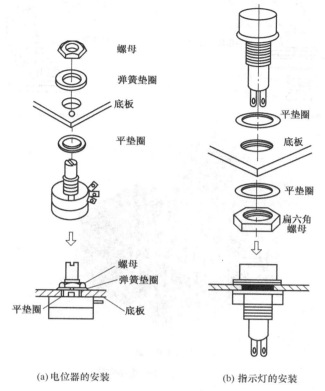

(a) 电位器的安装   (b) 指示灯的安装

图 4.1.22　电位器、指示灯的安装

上述两种器件由于接线焊片相互之间较近，连接导线时，焊接处应加装绝缘套管，以防止焊片弯曲或裸露导线头接触而造成短接，如图 4.1.23 所示。

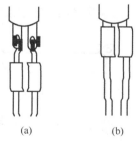

(a)　　　　　(b)

图 4.1.23　装绝缘套管

操作分析 3 **功率集成电路安装**

功率集成电路的安装如图 4.1.24 所示，图（a）为安装图，图（b）为安装完成后的示意图，图（c）为某电路安装实例。

功率集成电路安装中应注意以下两点。

1. 对位插装

无论何种集成电路都有方位问题，通常安装位置及集成电路本身都有明显的定位标志，需认清标志对位安装。同时，插装时注意每个管脚都需对准各自的安装孔，防止因管脚弯折而使集成电路无法正常工作。

2. 正确安装散热器

功率集成电路工作时散发出较大热量，正确安装散热器对传热效率关系重大，甚至会影响集成电路正常工作。安装中有以下 3 个要点。

① 集成电路和散热器接触面要清洁平整，保证接触良好。

② 接触面上加导热硅脂。

③ 紧固件要拧紧，两个以上螺钉安装时要对角线轮流紧固，防止贴合不良。

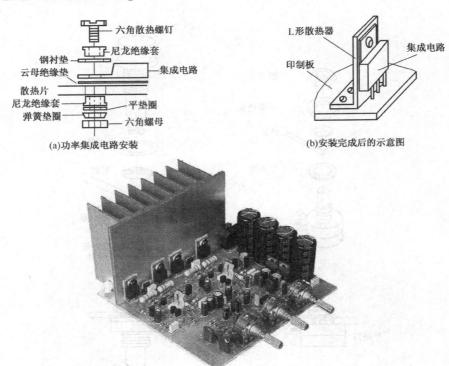

(a)功率集成电路安装

(b)安装完成后的示意图

(c)某电路安装实例

图 4.1.24　功率集成电路安装

操作分析 4　显像管安装

显像管的安装示意如图 4.1.25 所示。

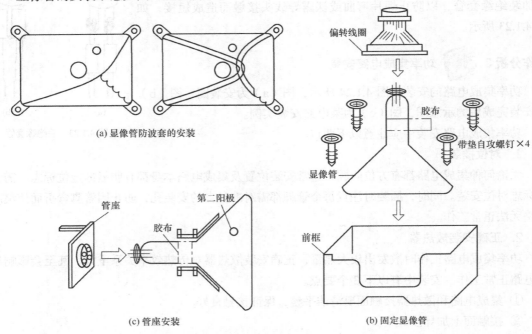

(a) 显像管防波套的安装

(c) 管座安装

(b) 固定显像管

图 4.1.25　显像管的安装示意图

① 安装前排气尾管保护套不得拔去；检查荧光屏表面有无擦伤。

② 将显像管装入前框位置。搬运时应轻拿轻放，严禁单手搬运、剧烈振动，避免碰撞。

③ 将防波套装入显像管石墨涂层处，如图 4.1.25（a）所示。

④ 将自攻螺钉按交叉紧固方法紧固四角，显像管与面板的间隙不大于 2mm。

⑤ 在显像管管颈紧固偏转线圈处贴上一圈宽约 15mm 的胶布，然后将偏转线圈套入显像管。尽量使偏转线圈喇叭口与显像管管锥贴合，但不能受力。

⑥ 紧固螺钉螺母，不能用力过猛，防止将显像管管颈夹碎。

⑦ 将行输出变压器高压帽卡入显像管第二阳极内，如图 4.1.25（b）所示。

⑧ 按图 4.1.25（c）所示，将显像管管座装入管锥尾部。安装时，管锥尾部各插针与管座各插孔要对准，用力要适度，不能扭曲、错位，以防止损坏显像管。

⑨ 偏转线圈安装中，严禁移动行、场偏转线圈的相对位置；安装完成后，中心调节片应能灵活转动。

操作分析 5 **弦线传动机构的安装**

调谐指示机构是收音机的重要功能装置，它是一种旋转传动机构，主要负载是可变电容器和调谐指示器的指针。旋转时，在调谐主轴的牵动下，使它们始终保持同步，正确指示谐振频率。

1. 弦线传动机构的组成

弦线传动机构如图 4.1.26 所示，它主要由调谐主动轴、拉线盘（固定在可变电容器动片轴上）、弦线、滑轮和指示针组成。拉线盘相对于主动轴直径愈大，减速比愈大，随之频率刻度行程也愈大。弦线作为传递带，滑轮作为传动导向，指针固定在传递带上，经过刻度盘，将可变电容器动片转动的角度位置变为回路调谐频率的直线位置而给予指示。

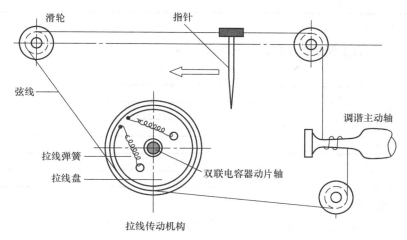

图 4.1.26　弦线传动机构的组成

2. 弦线传动机构安装工艺要求

在全程调谐中，拉线的松紧要适度，指针走动应平稳、均匀、灵活，无任何卡滞、打滑，无明显的跳动、扭动，无摩擦声，手感舒适。指针选台定位后不应有回弹现象。调谐旋钮将指针转到极端位置后，指针应停止不动，旋钮继续按原方向拧动时，弦线应能自动打滑。反向回复旋转时，指针随即跟着移动，且反应灵敏，仍保持原来传动的均匀性。

通常，频率高端在水平刻度的右方，或在竖直刻度线的上方。调谐旋钮与指示器度盘为同一平面时，顺时针旋转选台，指针应向频率的高端移动。即使调谐旋钮与刻度垂直安装，顺时针调谐也应是向频率高端选台。

技能训练  常用零部件安装

1. 训练目标
① 准确选用紧固工具，进行正确操作。
② 掌握电位器、指示灯的安装方法。
③ 掌握散热器的安装方法及工艺要求，会正确安装功率集成电路。

2. 训练器材
手工紧固工具一套，游标卡尺，硅脂，电位器组件，指示灯组件，功率集成电路组件，万用电路板（可根据需要自己建立安装孔）。

3. 训练内容和步骤
（1）电位器安装

在电路板相应位置安装电位器，并完成表4.1.3。

表 4.1.3　　　　　　　　　　　　　　电位器安装

紧固件	名称规格			
	数量			
紧固工具	名称规格			
	数量			
操作步骤与工艺要点				
说　明				

（2）指示灯安装

在电路板相应位置上安装指示灯，并完成表4.1.4。

表 4.1.4　　　　　　　　　　　　　　指示灯安装

紧固件	名称规格			
	数量			
紧固工具	名称规格			
	数量			
操作步骤与工艺要点				
说　明				

（3）功率集成电路安装

在电路板相应位置上安装功率集成电路，并完成表4.1.5。

表 4.1.5　　　　　　　　　　　　　　功率集成电路安装

紧固件	名称规格			
	数量			
紧固工具	名称规格			
	数量			
操作步骤与工艺要点				
说　明				

> **训练评价**

将训练评价填入表 4.1.6 中。

表 4.1.6　　　　　　　　　　　零部件安装评价表

班　级		姓　名		学　号		成　绩			
工时定额		实用工时		起止时间：自　时　分至　时　分				扣　分	
项　目	配分比例	评 分 标 准						自评	互评
安全文明生产	5分	违反操作规程，扣5～10分							
紧固件	20分	尺寸规格每错一根扣2～5分							
紧固工具	20分	不符合工艺要求扣2～5分/次							
紧固件工艺	20分	不符合工艺要求扣2～5分/次							
散热器	10分	不符合工艺要求扣2～5分/次							
损伤	20分	每次扣2～15分							
超时	5分	5分钟内每分钟扣1分，超过5分钟总分按70%计算							
指导老师签字		自评：					互评：		

任务二　导线连接工艺

当你第一次打开一个电子产品整机，往往会为产品中复杂的连接导线头疼。安装时，初学者往往只考虑电气的连通，致使连接完成后，导线之间相互牵制，给检查和维修带来很大的麻烦。

电子产品中，各种电子元器件之间的电气连接主要由导线来实现。在复杂的电子产品中，分机之间、电路之间的导线很多，各种导线的连接方法各异，除了焊接以外，常用的还有压接、绕接、黏结和接插件连接等，这时需要将导线进行绑扎，加工成线束，以使配线整洁，并提高导线连接的可靠性。

 基础知识

知识链接 1 线束加工工艺

1. 线束的要求

① 绑入线束中的导线应排列整齐，不应有明显的交叉和扭转。

② 应把电源线和信号线捆在一起，以防止信号受到干扰。线束不要形成环路，以防止磁力线通过环路产生磁、电干扰。

③ 导线端头应有线束标记，以便在安装、维修时容易识别。线束内应留有适量的备用导线，以便于更换，备用导线应是线束中最长的导线。

④ 线束捆扎松紧适度。打结时系结不能倾斜，也不能系成椭圆形，否则线束易松散。

⑤ 扎结间的距离要合适、均匀，一般间距取线束直径的 2～3 倍。为了美观，结扣一律打在线束的下面。

⑥ 线束弯角处应有足够的弧度，以防止导线损伤。通常弯曲半径比线束直径大两倍以上。

⑦ 需要经常移动位置的线束，应拧成绳状（约 15°），并缠绕胶带或套上绝缘套管再进行

绑扎。

2. 线束加工方法

（1）裁剪导线及加工线端

按工艺文件中的导线加工表裁剪符合规定尺寸和规格的导线，并进行剥头、捻头、浸锡等导线端加工。

（2）线端标记

由于复杂的产品中使用了很多导线，仅凭塑胶线的颜色还不能区分清楚，还应在导线的两端印上线号或安装色环标记，才能使安装、焊接、调试、维修、检查时方便快捷。线束的标记通常有3种方法，如图4.2.1所示。

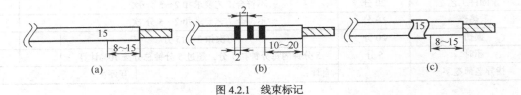

图4.2.1　线束标记

① 印字标记。这种方法在批量生产中常用。用印字机在导线端头8~15mm处印上字符标记，也可用橡皮章手工打印，如图4.2.1（a）所示。

② 色环标记。类似色环电阻的标记，根据导线数量可用三色、四色排成色环，如图4.2.1（b）所示。

③ 套管标记。用成品标记套管套在导线端头，如图4.2.1（c）所示。

（3）排线

按导线加工表及配线图排列导线。排线时，屏蔽导线应尽量放在下面，然后按先短后长的顺序排完所有导线。如果导线较多不易放稳时，可以在排完一部分导线后，用废导线临时绑扎在线束的主要位置上，待所有导线排完后，随绑扎过程拆除废导线。

（4）扎线

线束通常采用线绳绑扎、黏结和专用线束搭扣捆扎3种方法捆扎成型。

黏结适用于线束比较少时，用黏合剂四氢化呋喃黏合成线束。操作时，应注意黏合完成后，要经过2~3min，待黏合剂凝固后方可移动。

线束搭扣又叫做线卡子、卡箍等，其式样较多，如图4.2.2所示，可根据线束大小选择合适的搭扣。绑扎后应剪去多余部分。

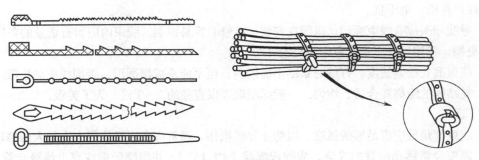

图4.2.2　线束搭扣

线绳绑扎因其方法较复杂，已逐渐被搭扣绑扎所取代。

知识链接 2 排线连接工艺

排线又称扁平电缆或带状电缆。在数字电路特别是计算机电路中，连接导线往往成组出现，工作电平、导线去向都一致，使用排线很方便。

常用排线有两种。

1. 7×0.1mm² 多股软导线

如图 4.2.3 所示，这种排线的芯线为 7×0.1mm² 多股软导线，导线根数有 20～60 根不等，导线间距为 1.27mm，颜色多为灰色或白色，在一侧最边缘的线为红色或其他不同颜色，作为接线顺序的标志。

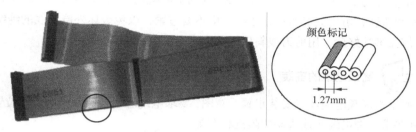

图 4.2.3 排线

排线的使用大都采用穿刺卡接方式与专用插头连接。专用插头内有与排线尺寸相对应的 U 形簧片，在压力作用下，簧片刺破绝缘皮，将导线压入 U 形刀口，并紧紧挤压导线，实现电气连接，如图 4.2.4 所示。操作方法如下。

① 对准。打开插座上压板，认真核对排线方向，将电缆卡到插座中，必须仔细使每一根导线都与 U 形刀口对准。

② 压入。插上压板，均匀加压，使导线压入刀口。压接时，一般采用专用压线工具，也可用台钳进行手工压接。

③ 连接。加压直到压板的活扣卡到插座基座中，连接即完成。

2. 单股硬芯线

如图 4.2.5 所示，这种排线的芯线多为单股或由 2～3 股线绞合而成，导线间距为 2.54mm，一般用做印制板之间固定连接，常用焊锡方式连接。

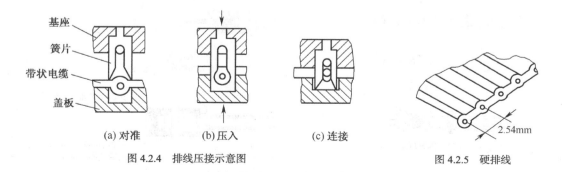

图 4.2.4 排线压接示意图　　图 4.2.5 硬排线

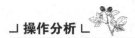 操作分析

操作分析1 线束加工

① 按导线加工工艺表规定的导线规格与尺寸裁剪导线。裁剪时，导线尺寸应严格按照工艺规定要求的误差。

② 在各导线端头套上套管。注意分清标号，不要在不同的导线上套上相同标号的套管；也不要在同一根导线两端使用不同标号的套管。

③ 将导线整理成束。注意导线不要有交叉和扭转；按照先短后长的顺序整理；导线较多时，可在分支处先用废导线预扎。

④ 按线束直径的2～3倍间距，用塑料线束搭扣均匀捆扎（见图4.2.2）。捆扎时也要注意防止导线的交叉和扭转，可用尖嘴钳拉紧搭扣，但不要过紧，以免破坏外层导线的绝缘层。

⑤ 检查搭扣绑扎好后，用剪刀或斜口钳剪去多余部分。

操作分析2 高频电缆的安装

图4.2.6所示为高频电缆加工安装步骤示意图，要求电缆芯线在屏蔽层的中心位置，以减小信号的损失，并要求高频电缆与插头座的阻抗相匹配。

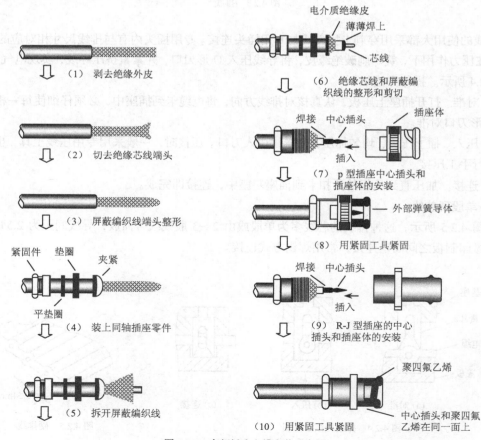

图4.2.6　高频插头电缆安装示意图

操作分析 3 **立体声耳机的安装**

立体声耳机插头连接的音频电缆通常是屏蔽线，屏蔽层内有两根软线，加工时应注意避免线间短接，安装方法如表 4.2.1 所述。

表 4.2.1 立体声耳机安装

序 号	方法及工艺要求	图 示
1	根据耳机插头接线柱尺寸，剥去绝缘外皮	
2	在靠近剥线端的屏蔽层内挑出两根内线，注意勿伤绝缘皮，并套上插座外壳	
3	将露出的屏蔽层弯折紧贴绝缘外皮；两根内线剥头、搪锡，并套上热塑套管	
4	两根内线分别在耳机插头的接线柱上；焊好后，焊点上套上并套管，并用烙铁稍加热	
5	将屏蔽层与耳机接地端紧紧压接，压接同时扣压住屏蔽线绝缘外皮	
6	套上保护外壳并旋紧	

操作分析 4 **条形接插件的安装**

条形接插件的安装插针方法如表 4.2.2 所示。

表 4.2.2 条形接插件的安装

序 号	方法及工艺要求	图 示
1	条形接插件插针外形，一端带有单向止动簧片	
2	按插针尺寸对导线剥头	
3	导线插入插针。注意：绝缘皮不能超出 A，导线剥头稍露出 B0.5～1mm	
4	A——压接绝缘皮 B——压接导线头	
5	将连好线的插针插入插头。注意，插入前检查止退簧片是否在位；插入后稍用力拉导线，检查止退簧片是否起作用	

 **线束加工**

1. 训练目标

① 能按导线加工表正确加工线束；能安装立体声耳机和条形接插件。

② 通过立体声耳机及条形接插件的安装，掌握压接方法和接插件的安装技巧。

2. 训练器材

斜口钳或剪刀，尖头钳，电烙铁和焊锡丝，压接钳，直尺，各种规格导线，线束搭扣，排线，热塑套管，立体声耳机组件，条形接插件组件。

3. 训练步骤与内容

① 根据表4.2.3及图4.2.7，完成线束加工。

表4.2.3 　　　　　　　　　　　　　　导线及扎线加工表

编号	名 称 规 格	颜色	数量	长度（mm）					去 　向		备 　　注
				全长	A端	B端	A剥头	B剥头	A端	B端	
1	AVR1×12	黑	1	260	40	40			X1-1	X2-1	
2	AVR1×12	红	1	260	40	40			X1-2	X2-2	
3	AVR1×12	黄	1	260	40	40			X1-3	X2-3	
4	AVR1×12	白	1	260	40	40			X1-4	X2-4	
5	AVR1×12	黑	1	170	50	40			X3-1		
6	AVR1×12	红	1	170	50	40			X3-2		
7	AVR1×12	黄	1	270	40	50				X3-3	
8	AVR1×12	白	1	270	40	50				X3-4	
9	RVV_1-7/0.12-2	黑	1	260	40	40					
10	RVV_1-7/0.12-2	黑	1	260	40	40					

② 在表4.2.3中，X1、X2、X3分别为四针条形接插件，按表中所述安装连接插件。

③ 立体声耳机连接训练。

将立体声耳机与屏蔽导线可靠连接。

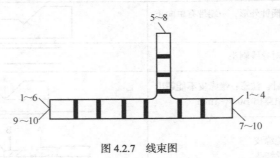

图4.2.7　线束图

➤ 训练评价

将训练评价分别填入表4.2.4、表4.2.5和表4.2.6中。

表4.2.4 　　　　　　　　　　　　　　线束加工评价表

班 级		姓 名		学 号				成 绩			
工时定额		实用工时		起止时间：自　　时　　分至　　时　　分					扣　　分		
项 目		配分比例		评 分 标 准					自评		互评
安全文明生产		5分		违反操作规程扣5～10分							
裁线尺寸规格		20分		尺寸规格每错一根扣2～5分							
线端标记		15分		漏标、错标每次扣4分；位置偏差扣2分/次							

续表

班　级		姓　名		学　号		成　绩		
工时定额		实用工时		起止时间：自　时　分至　时　分			扣　分	
项　目	配分比例		评分标准				自评	互评
排线	20分		交叉、扭转扣5～10分，不整齐扣5～10分					
扎线	25分		不符合工艺要求扣2～5分/次					
导线损伤	10分		每次扣2～10分					
超时	5分		5分钟内每分钟扣1分，超过5分钟总分按70%计算					
指导老师签字			自评：		互评：			

表 4.2.5　　　　　　　　　　　接插件连接评价表

班　级		姓　名		学　号		成　绩		
工时定额		实用工时		起止时间：自　时　分至　时　分			扣　分	
项　目	配分比例		评分标准				自评	互评
安全文明生产	5分		违反操作规程扣5～10分					
导线剥头	30分		尺寸规格每错一根扣2～5分					
压接 A	10分		不符合工艺要求扣2～5分/次					
压接 B	20分		不符合工艺要求扣2～5分/次					
损伤	30分		每次扣2～15分					
超时	5分		5分钟内每分钟扣1分，超过5分钟总分按70%计算					
指导老师签字			自评：		互评：			

表 4.2.6　　　　　　　　　　　立体声耳机连接评价表

班　级		姓　名		学　号		成　绩		
工时定额		实用工时		起止时间：自　时　分至　时　分			扣　分	
项　目	配分比例		评分标准				自评	互评
安全文明生产	5分		违反操作规程扣5～10分					
导线剥头	20分		尺寸规格每错一根扣2～5分					
焊接	10分		不符合工艺要求扣2～5分/次					
压接	20分		不符合工艺要求扣2～5分/次					
套管	10分		不符合工艺要求扣2～5分/次					
损伤	30分		每次扣2～15分					
超时	5分		5分钟内每分钟扣1分，超过5分钟总分按70%计算					
指导老师签字			自评：		互评：			

技能综合训练

高频插头电缆通常采用同轴电缆，由于其工作信号频率较高，其插头结构较复杂，安装时一定要保证稳定可靠，以防止高频信号工作时，分布参数影响电路工作。

高频插头电缆的安装方法和工艺要求，如表 4.2.7 所示。

表 4.2.7　　　　　　　　　　　高频插头电缆的安装方法和工艺要求

序　号	方法及工艺要求	图　示
1	剥去电缆绝缘外皮 15mm 左右	
2	拆开屏蔽编织线；剥去芯线绝缘皮约 4～5mm	
3	屏蔽线整形；插上芯线插针	芯线插针
4	芯线与插针焊接；套上金属套筒与绝缘垫圈，保证金属套筒与屏蔽线紧密接触	金属套筒　绝缘垫圈　焊接部位
5	套上螺纹紧固件，套上 P 型插座体，保证芯线插针插入插座体中心孔中	插座体　螺纹紧固件　外部弹簧导体
6	用紧固工具紧固	

项目小结

安装技术的基本要求：保证安全使用，不损伤零部件，保证电气性能，保证机械强度，保证传热与电磁屏蔽要求。

任务一主要介绍了螺接工艺。

螺钉的结构较多：按刀口形状可分为一字槽与十字槽；按头部形状可分为半圆头螺钉、圆柱头螺钉、沉头螺钉、半沉头螺钉等；还有自攻螺钉、紧定螺钉等。

紧固工具的使用，必须配合紧固件的结构、尺寸和规格。

散热器的安装必须保证元器件外壳与散热器紧贴，接触面应尽可能大。

任务二主要介绍线束加工、排线、压接、绕接及接插件的一些基本知识和加工工艺，重点在于通过技能训练使学习者掌握线束加工、压接、接插件连接的基本方法与技能。

线束加工的工序为裁线→线端加工→排线→扎线。扎线主要采用线束搭扣绑扎。

压接有专用压接钳，压接时应注意导线剥头尺寸与压接端子尺寸的配合，不要压住绝缘皮，也不要让导线裸露过多。

接插件的结构形式较多，不同的接插件连接形式差异很大，但其插头连接导线时多采用焊接与压接两种方法。

思考与练习

一、填空题

1. 对于制造电子产品来说，_____与_____是两个重要的因素，零部件的安装对此至关重要；用螺钉、螺母将零部件牢固、安全、可靠地紧固在各自位置上，必须对_____、_____及_____等合理选择。

2. 垫圈主要用于螺钉防松，常见的垫圈有_____、_____、_____、_____等，但其中_____不起防松作用。

3. 成组螺钉紧固，采用_____紧固的方法，先轮流将全部螺钉_____，再完全紧固。

4. 电位器和指示灯上的焊片间距较小，为防止出现短接，连接上导线后，应加装_____。

5. 多股软导线排线通常采用_____方式与专用插头连接，连接操作分_____、_____和_____3个步骤。

6. 无锡焊接是焊接技术的组成部分，其特点是不需要_____和_____即可获得连接；常用的无锡焊接技术包括_____、_____、_____和_____。

二、简答题

1. 电子产品的安装应达到哪些基本要求？

2. 螺钉的类型很多，试列举按头部形状分类的常用螺钉种类。

3. 十字槽螺钉有何特点？

4. 如何选择紧固螺钉？

5. 紧固件因受振动或瞬间冲击会产生松动甚至脱落，要防止这种情况产生，可以采取哪些措施？

6. 正确安装功率器件散热器要做到哪几个要点？

7. 线束加工中，为保证正确接线，线端通常要加线端标记，请问线端标记通常有哪几种方法？

8. 试描述压接操作的具体方法。

9. 试述绕接原理。绕接有什么特点？

项目五

整机安装技术

　　安全生产是指企业在生产过程中确保生产的产品，使用的工具，仪器设备和人身安全，安全为了生产，生产必须安全。

　　安装技术是将电子零件、组件和部件按设计要求装接成整机的多种工艺的综合。整机安装既需要有机械装配技术，又需要有电气装配技术，因此是电子产品生产构成中极其重要的环节。熟悉和掌握电子产品的安装工艺及一般调试、维修知识，是从事电子产品生产的人员必须掌握的基本技能。

知识目标

- 掌握电子装接安全用电知识，按文明生产规程操作。
- 掌握装配的一般步骤和要求。
- 熟悉较复杂产品的机械装配和电气连接工艺要求。
- 了解整机调试的一般工艺要求。
- 了解整机装配的检验要求和一般检修方法。

技能目标

- 进一步提高识读装配工艺文件的能力。
- 能根据装配图并借助于万用表检查导线连接和错焊点。
- 通过训练掌握较复杂产品的布线工艺。

任务一　安全与文明生产

　　文明生产是保证产品质量和安全生产的重要条件，人人养成遵守纪律和严格执行工艺操作规程的习惯，切实做好安全文明生产。

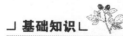

基础知识

知识链接 1　安全用电常识

　　电是现代物质文明的基础，同时又是危害人类的肇事者之一。触电事故不同于其他事故，往往无显示迹象，人们的感觉器官不能预先察觉，事故一旦发生，顷刻之间就可能造成人身伤亡和财产破坏的严重后果。从事电子装接工作一定要懂得安全用电的常识，严格遵守实训安全操作规则，将安全用电的观念贯穿在工作的全过程。

　　1. 触电危害

　　人体因触及带电体受到电流作用而造成局部受伤，甚至死亡的现象叫做触电。根据伤害程度，触电又可分为电伤和电击。电伤是指电流通过人体外表造成局部的伤害；电击是指电流通过人体内部，对人体造成肌肉痉挛（抽筋），神经紊乱，导致呼吸停止，严重危害生命。触电对人体造成的电伤一般是非致命的，真正危害人体生命的是电击。

（1）电对人体的作用

人体是可以导电的。人体是一个不确定的电阻，皮肤干燥时电阻可呈现 100kΩ 以上，这时通过人体的电流就较小；可是一旦潮湿，电阻可下降到 1kΩ 以下，在这种情况下，甚至低电压也会危及生命。

电流对人伤害的严重程度，与通过人体的电流大小和种类、通电时间，电流通过人体的部位途径等多种因素有关。直流电一般引起电伤，而交流电则电伤与电击同时发生。特别是 40～100Hz 交流电对人体最危险。而人们日常使用的工频市电（50Hz）正是在这个危险频段。而当交流电频率达到 20kHz 时对人体危害就很小，用于理疗的一些仪器采用的就是这个频段。电流对人体的作用，如表 5.1.1 所示。

表 5.1.1 电流对人体的作用

电流/mA	通 电 时 间	交流电（50Hz）对人体的作用	直流电对人体的作用
0～0.5	连续	无感觉	无感觉
0.5～5	连续	有刺激疼痛感，无痉挛	无感觉
5～10	数分钟内	痉挛、剧痛，但可自行摆脱	有针刺、压迫及灼热感
10～30	数分钟内	引起肌肉痉挛，呼吸困难	压痛、刺痛、灼热强烈
30～50	数秒至数分钟	强烈痉挛，昏迷	有剧痛、烈强痉挛
50～100	超过 3s	心室颤动，心脏麻痹而停跳	剧痛、痉挛、呼吸困难或麻痹

（2）触电的原因

发生触电的主要原因，通常是人们没能遵守操作规程或粗心大意，直接触及或过分靠近电气设备的带电部分。不同的场合，引起触电的原因也不一样，如图 5.1.1 所示。

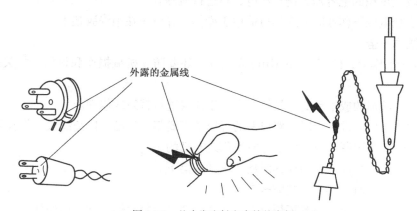

图 5.1.1　几个发生触电事故的事例

① 用电设备不合要求。电烙铁、电风扇等电器设备绝缘损坏、漏电及其外壳无保护接地或接地线接地不良；开关、闸刀、插座的外壳破损或相线绝缘老化，失去保护作用；绝缘线被电烙铁烫坏引起触电等。

② 用电不谨慎。违反布线规程，在室内乱拉电线，在使用中不慎造成触电；随意加大保险丝的规格或用铜丝代替熔丝，失去保险作用，引起触电；用湿布擦拭电线和电器，也容易造成触电。

（3）触电的预防

人是世间万物最宝贵的。安全保护首先保护人身安全，预防触电是安全用电的核心。

① 安全用电制度。学习和遵守本职的安全用电规则和工艺规程，学会使用这些规则和规程。当你走进实验室、实训室等一切用电场所时，千万不要忽略安全用电制度。

② 安全措施。预防触电的措施很多，这里提出的几条措施都是最基本的安全保障。

- 工作室总电源上安装漏电保护开关。
- 随时检查所用电器插头、插座、电线，发现破损老化及时更换。
- 在任何情况下，严禁用手去判断接线端是否带电，必须用完好的验电设备进行判断。
- 各种电气设备、仪器仪表、电气装置、电动工具等，应接好安全保护地线。
- 在正常情况下带电的部分，要加绝缘保护，并且置于人不容易碰到的地方，如输电线、电源板等。
- 电烙铁在通电前应检查电源线有无烫伤，导线是否外露。

（4）安全用电操作

- 任何情况下检修电路和电器都要先断开电源，拔下电源插头。
- 不要用湿手触及开关、插拔电器和电气装置的任何部分。
- 不要同时触及两件电气设备。
- 遇到不明情况的电线，先认为它是带电的。
- 发现电气设备有打火、冒烟或其他不正常气味时，应迅速切断电源，并请专业人员进行检修。
- 使用的电烙铁应放在安全架上，禁止直接放在工作台或其他物体上，防止烧焦起火。
- 电气着火不要使用水灭火。
- 遇到较大体积的电容器先进行放电，再进行检修。
- 在非安全电压下作业时，应尽可能单手操作，并应站在绝缘胶垫上。

2. 装接操作安全

在电子装接工作中，除了要加强用电安全外，还要防止机械损伤和烫伤，相关的操作要求如下。

① 裂开的、破损的或松动的工具柄，在使用前要进行替换或修理。

② 在印制板上剪元件引脚时，斜口钳的开口端不要朝向自己，以免线段弹伤脸部。

③ 使用螺丝刀紧固螺钉时，应防止打滑伤及自己的手。

④ 要把工具和材料放稳，不让其滑动、滚动或落下。

⑤ 传递带尖工具时，其带尖端应背向对方。

⑥ 拆焊有弹性元件时，不要离焊点太近，并且使可能弹出锡焊的方向向外。

⑦ 易燃物品远离电烙铁。

⑧ 拿电烙铁时，只能拿其手柄，烙铁不用时，要放在专门的烙铁架上。

⑨ 不能用手触摸在通电状态下的功率器件、散热片、变压器等，以免烫伤。

⑩ 不要随意乱甩烙铁头上多余的锡，特别是往身后甩危险更大。

3. 安全标志

安全标志是用以表达特定安全信息的标志，由图形符号、安全色、几何形状（边框）或文字构成。国标 GB2894《安全标志》规定了传递安全信息的标志，对提醒人们注意不安全因素、防止事故发生起了积极的作用，举例如图 5.1.2 所示。

| 当心触电 | 当心伤手 | 禁止吸烟 | 禁止烟火 |

| 禁止用水灭火 | 禁止合闸 | 禁止触摸 | 禁止靠近 |

图 5.1.2 安全标志示例

知识链接 2 触电急救与电气消防

任何操作电器设备的人员都要努力学会急救，特别是必须工作在电压超过 50V 的时候，急救知识可以拯救更多人的生命。

1. 学会触电急救

发生触电事故，千万不要惊慌失措，必须用最快的速度使触电者脱离电源。要记住当触电者未脱离电源前本身就是带电体，同样会使抢救者触电。

脱离电源最有效的措施是拉闸或拔出电源插头。如果一时找不到，可用绝缘物（如带绝缘柄的工具、木棍、塑料管等）移开或切断电源线，如图 5.1.3 所示。脱离电源后，应根据触电者情况采用人工呼吸或向医院告急求救。

图 5.1.3 使触电者迅速脱离电源

2. 电气消防

① 发现电气设备、电线电缆等冒烟起火，要尽快切断电源。

② 使用沙土、二氧化碳、四氯化碳等不导电灭火介质，忌用泡沫或水进行灭火。

③ 灭火时不可将身体或灭火工具触及导线和电气设备。

知识链接3　文明生产

文明生产，简单地讲就是生产要讲文明，生产要讲科学性。文明生产是保证产品质量和安全生产的重要条件。为了提高企业员工的整体素质，每一个人进入企业前，必须进行职前教育，经过培训，逐步形成遵守纪律和严格执行工艺操作规程的习惯。

文明生产的内容有以下7个方面。

① 实训室或实验室必须清洁整齐。工作台案、工作地面及常用仪器设备要保持清洁整齐。光线充足，通风排气良好，周围环境的颜色也要和谐得当。

② 操作过程用的工具、仪表设备等，应有条理地放在操作者工作位置附近，并自觉妥善使用和保管。

③ 各种零件、部件等都要排列有序地放在合理的位置上，有的还要加防尘、防碰装置。

④ 进入实训室或实验室应按规定穿戴工作服、鞋、帽，必要时应戴手套。

⑤ 必须保持工作室的安静，不要大声喧哗。讲究个人卫生，不得在工作室吃零食。

⑥ 实训完毕，将工作台上的工具、仪器设备等复原，把无用的丢弃物放入专门容器内。

⑦ 做到操作标准化、规范化。

任务二　整机装配技术

电子产品的质量，除了电路设计的原因以外，关键还在于装配技术。同一型号的产品，由于装配工艺好，调整就顺利，性能也能达到设计要求；也可能由于装配技术掌握得不好，调整起来毛病百出，性能达不到要求。

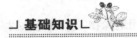

└ 基础知识 ┘

知识链接1　装配顺序及工艺要求

整机装配的目标是利用合理、先进的安装工艺，实现预定的目标。电子整机总装的一般顺序是：先轻后重、先里后外、先铆后装、易碎后装，上道工序不得影响下道工序的安装。图 5.2.1 所示为电子产品装配生产线。

1. 正确装配

① 未经检验合格的装配件（零、部、整件）不得安装。

② 注意安装零部件的安全要求。

③ 选用合适的紧固工具，正确掌握紧固方法和合适的紧固力矩。

④ 总装过程中不要损伤元器件。

⑤ 严格遵守总装的一般顺序，防止前后顺序颠倒，注意前后工序的衔接。

⑥ 应熟练掌握操作技能，保证质量，严格执行三检（自检、互检、专职检验）规定。

2. 保护好产品外观

① 工位操作人员要带手套操作，防止塑件沾染油污、汗渍。

② 面板、外壳等注塑件要轻拿轻放。工作台上设有软垫以防塑件擦毛，如图 5.2.2 所示。

图 5.2.1 电子产品装配生产线

图 5.2.2 工作台上的布置

③ 操作人员在使用电烙铁时要小心，不能损坏面板、外壳和塑件。

④ 使用胶粘剂时，要防止污染和损坏机壳。

知识链接 2 整机装配的工艺过程

装配工艺过程是确保达到整机技术标准的重要手段。熟练地运用学过的有关常用元器件和材料知识，电子设备和装配工艺知识，提高装配工艺过程中的操作技能。

整机装配的工序因使用设备的种类、规格大小不同，其构成也有所不同，但基本工序并没有什么变化，图 5.2.3 所示为一般整机装配工艺过程图。由于产品的复杂程度、设备场地条件、生产数量、技术力量及员工技术素质等情况不同，生产的组织形式和工序也要根据实际情况有所变化。

① 按"配套明细表"配套领料，并借用工装夹具及工艺文件规定的全部装配辅料，做好装配场地工位的准备工作和导线及线束加工等。

② 通过装连工艺手段，将装配完成的部件、印制电路板、面板、传动机构，以及其他部件和总装时用的零件及元器件，按工艺规定顺序逐级装入机架，组成装机结构。

③ 电气连接，组成整机工作电路。

④ 通电调试，即对整机内可调部分（如可调元器件及机械传动部分）进行调整，并对整机的电性能进行测试。

⑤ 外壳装配。

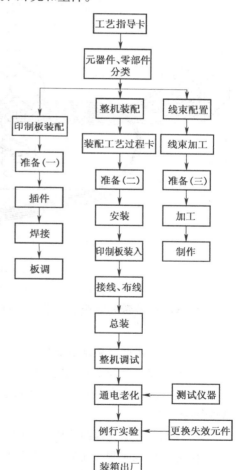

图 5.2.3 整机装配工艺过程

知识链接 3 整机的电气连接

电子产品总装的电气连接，是通过导线、电缆和接插件连接来实现的。导线的走向、颜色、长度、规格、线束和电缆种类均需按工艺文件规定进行。

1. 接线工艺要求

导线在整机电路中是作信号和电能传输用的。接线应按照工艺文件中"导线及扎线加工表"规定的编号与两端走向对位连接。接线合理与否对整机性能影响较大，总装接线应满足以下要求。

① 接线要整齐美观，在电性能允许的前提下，应使相互平行靠近的导线形成线束，以压缩导线布设面积，如图 5.2.4 所示。

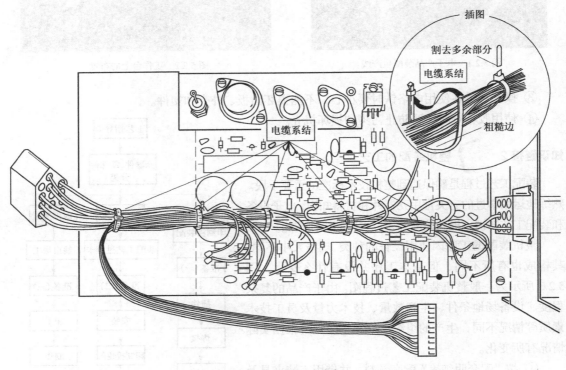

图 5.2.4 导线形成线束

② 接线的放置要安全、可靠和稳固。焊接时可用镊子夹紧，并保护绝缘层不致烫坏，焊点要光滑可靠。

③ 接地线走向及接地点的焊接必须严格按照工艺文件执行，不得随意改动。

④ 连接线应避开金属锐边、棱角、毛边，防止损坏导线绝缘层，避免短路或漏电故障。

⑤ 连线应远离高温元器件（如功率管、功率电阻、变压器等），一般在 10mm 以上，以防导线受热变形或性能变差。

⑥ 传输信号的连接线要用屏蔽线，防止信号对外干扰或外界对信号形成干扰。

⑦ 导线走线应避开元器件密集区域，为其他元器件查看、调整、更换和检修提供方便。

⑧ 接线可以使用金属、塑料卡或搭扣固定。

2. 接线工艺

接线工艺是整机总装中的一个重要环节。整机的接线是按接线图、导线表等工艺卡指导文件的要求进行的。

（1）合理选择导线

选用导线时，要考虑的因素较多，如导线截面积的选择，高频工作时则必须考虑阻抗及介质损耗，导线颜色的选用和环境诸因素。各种因素之间存在一定的影响，如图 5.2.5 所示。

一般整机布线常用 AVR 型聚氯乙烯绝缘安装软线，其中电流密度为 2～5A/mm^2，具体视导线敷设的散热情况而定。常用的导线规格有 1×7/0.15、1×12/0.15、1×16/0.15 等几种（规格表示：导线根数×线芯股数/每股导线直径）。导线的颜色选择可参考表 5.2.1。

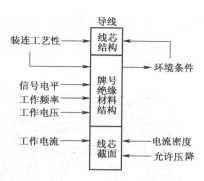

图 5.2.5　选用导线的各种因素

表 5.2.1 　　　　　　　　　　　　　导线颜色选择

名　　称	电　极	颜　色	名　　称	电　极	颜　色
三相交流电路	L1 相	黄色	晶体管	集电极（c）	红色
	L2 相	绿色		基极（b）	黄色
	L3 相	红色		发射极（e）	蓝色
	零线或中性线 N	淡蓝色	二极管	阳极（＋）	蓝色
	安全用的接地线 PE	黄和绿双色线		阴极（－）	红色
直流电路	正极 L+	棕色	可控硅管	阳极（A）	蓝色
	负极 L−	蓝色		阴极（K）	红色
	接地中线 M	淡蓝色		控制极（G）	黄色

（2）布线方法

图 5.2.6 所示为一种布线示意图，它表达了元件器间的导线连接，通常此类布线示意图是整机装接工的基本指南。

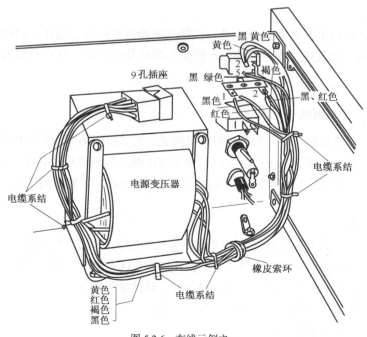

图 5.2.6　布线示例之一

① 水平线束应尽可能贴底板走，竖直方向的线束可沿框架回角走，以便机械固定。

② 线束转弯时要保持其自然的过渡状态，其弯曲半径不应太小，并能进行机械固定，如图 5.2.7 所示。

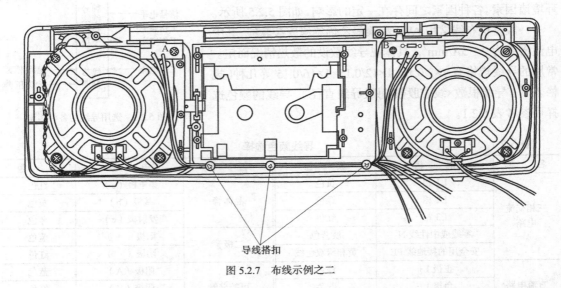

导线搭扣

图 5.2.7　布线示例之二

③ 线束内的导线应留 1～2 次重焊备用长度（约 20mm），连接的活动部位的导线长度要有一定的活动余量，以便适应修理、拆卸的需要。

④ 线束穿过金属孔时，应事先在板孔内嵌装橡皮衬套或专业塑料嵌条，以免振动时割切导线的绝缘，造成短路故障。

⑤ 尽量不要将多根导线接在一个焊接点上，如果接，则最多不得超过两根。

（3）接线检查

导线接好后，借助于万用表的 R×1 挡，按接线图检查接线的正确性，同时要检查在接线图上标明的导线色别，以及线束内导线的分布情况，焊接是否牢靠，有没有和其他元器件短路等情况。

知识链接 4　整机调试

在电子产品总装完成后，一般都要进行整机调试。调试包括测试和调整两个方面。测试是在安装后对电路的参数及工作状态进行测量；调整是指在测试的基础上对电路参数进行修正，使产品达到技术指标。调试工作的精确度和准确性在一定程度上决定了整机的质量，必须严格按照工艺要求认真进行。

1. 整机调试概述

整机调试的整个过程都要按照调试工艺文件的要求进行。调试工艺文件内容包括调试项目，调试步骤与方法，调试设备，测试条件，安全操作规程及注意事项。调试工艺文件还具体规定了调试所需要的仪器仪表的型号及数量，工具及备件，调试接线图等。

电子产品调试工作的主要内容包括如下几个方面。

● 明确产品调试的目的和要求。

● 正确使用测量仪器仪表。

- 严格按调试工艺要求进行调整和测试。
- 对调试数据进行分析和处理。
- 分析和排除在调试中出现的故障。

2. 调试前的准备工作

（1）调试工艺文件的准备

调试前，操作人员应仔细阅读调试说明及相关的工艺文件，重点了解整机的基本工作原理和技术要求。

（2）调试设备的准备

按调试工艺文件规定，准备好调试用仪器仪表及相应的工具、备件；掌握测试仪器仪表的使用，并能按要求连接好各仪器仪表。

（3）被调试产品的准备

被调试产品装配完毕后，必须经过严格的检查并确认产品装配完全符合工艺要求。

3. 整机调试的一般程序

由于电子产品单元电路的种类和数量不同，所以产品的调试步骤也不相同。对于比较简单的整机，在安装完成后，一般可直接进行整机调试，如半导体收音机、稳压电源等；比较复杂的整机，一般采用分块调试，即把电路按功能分成不同的部分，把每部分看做一个模块进行调试。在分块调试的过程中逐渐扩大调试范围，最后实行整机调试，先进行粗调，后进行细调。

整机调试的一般程序如图 5.2.8 所示。

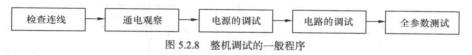

图 5.2.8　整机调试的一般程序

（1）检查接线

电路安装完毕，不要急于通电。先要认真检查电路接线是否正确，包括错线（连线一端正确，另一端错误）、少线（安装时漏焊的线）和多线（连线的两端在电路上都是不存在的）。查线时，最好用指针式万用表的 R×1 挡，或用数字式万用表欧姆挡的蜂鸣器来测量，而且要尽可能直接测量元器件引脚，这样可以同时发现接触不良的地方。

（2）通电观察

把经过准确测量的电源电压加入电路（先关掉电源开关，待接通连线之后再打开电源开关）。电源通电之后不要急于测量数据和观察结果，首先要观察有无异常现象，包括有无冒烟、打火，是否闻到异常气味，电源是否有短路现象等。如果出现异常，应立即关掉电源，待故障排除后方可重新通电，然后再进行测量。

（3）电源的调试

具有电源电路的产品，应首先进行电源部分的调试。

① 电源的初调。先切断电源所有负载，空载条件下加电测量输出电压是否正确。对有些开关稳压器需要带一定负载测量。

② 带负载测量。初调正常后可接入模拟等效负载，进行满足整机电路供电的各项指标的进一步细调。

③ 实际负载下的精调。等效负载下工作正常后，接入实际负载，测量电源各项参数并调整到规定状态。

（4）电路的调试

电源电路精调完成后，进行其余各部分的调试。这些电路的调试通常按各单元电路的顺序进行。调试时先静态后动态。静态调试一般是指在没有外加输入信号的条件下测试电路的各点电位，如模拟电路的静态工作点，数字电路的各输入端和输出端的高、低电平值及逻辑关系等；动态调试包括信号幅值、波形形状、相位关系、频率、放大倍数等。对于信号产生电路一般只看动态指标。

（5）全参数测试

经过整机电路的调试并锁定各可调元件后，应对产品进行全参数的测试，不同类型的整机有各自的技术指标。整机各项参数的测试结果，均应符合技术文件规定的各项技术指标。

除此之外，还应该就以下几个方面进行可靠性测试。

- 抗干扰能力。
- 电网电压及环境温度对产品的影响。
- 长期运行实验的稳定性。
- 抗机械振动能力。

4. 调试操作实例

实例：直流稳压电源调试操作。

图 5.2.9 所示为线性直流稳压电源，它的固定输出电压为 12V，输出电流为 2A。

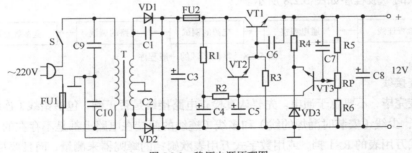

图 5.2.9 稳压电源原理图

（1）技术要求

- 输出电压在 12V 上下可调，当交流电压为 220V 时，输出直流电压为 12V±0.2V。
- 纹波电压：当交流电压为 220V 时，10Ω 假负载上的纹波电压≤5mV。
- 交流电源消耗：满载时≤150mA，空载时≤40mA。

（2）工具及仪器仪表

螺丝刀、电烙铁、工艺电阻（15W/10Ω）、毫伏表、示波器、调压器、万用表等。

（3）调试前的准备

① 熟读调试工艺要求。

② 测量静态电阻

- 接通电源开关测量电源插头两端电阻。如果阻值正常，说明变压器初级与电源开关接触良好。
- 测量电源调整管 c、e 两端电阻，如果阻值正常，说明 c、e 极无短路。
- 测量电源输出端对地电阻，如果阻值正常，说明输出端无短路。

③ 调试仪器与电源的连接，如图 5.2.10 所示。

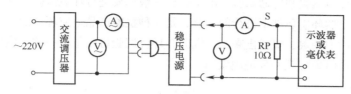

图 5.2.10　调试仪器与电源的连接

（4）调试步骤和方法

┛ **操作注意** ┗

将调压器调至零伏位置，按接线图检查相关连接线是否正确。

① 测量电源消耗和负载特性测试。将调压器缓慢增加至 220V，接上 10Ω 假负载，调整可变电阻 RP，直流输出电压变化为 9～15V 连续可调。调 RP 使直流输出电压为 12V±0.2V，此时交流电流表读数即为稳压电源满载时的电源消耗，此值应≤150mA。将开关 S 断开，此时负载 10Ω 开路，交流电流表读数应≤40mA。

② 电压调整率测试。电源输出端接 10Ω 假负载，调压器从 180V 调至 240V，直流输出电压允许变化±0.2V。

③ 纹波电压测试。接 10Ω 假负载，调压器从 180V 调到 240V，观察示波器波形或毫伏表读数，其纹波不大于 2mV。

知识链接 5 　整机装配的质量检验

整机装配完成后，按质量检查内容进行检验，检验工作要始终坚持自检、互检和专职检查制度。

通常，整机质量的检查有以下 3 个方面。

1. 整机检验

装配好的整机外观检验用观察法进行，即用眼看和手摸的方法检验。整机外观应整洁，表面无损伤，表面涂层无起泡、开裂和脱落。开关、按键、旋钮及开启装置的操作应灵活可靠。紧固件无松动，机内无多余物（如焊料渣、零件等）。

2. 装连正确性检查

装连正确性检查又称电路检查，目的是检查电气连接是否符合装配图和接线图的要求，导电性能是否良好。通常用万用表的 R×1 挡或 R×10 挡对各检查点进行检查。批量生产时，可根据预先编制的电路检查程序表，对照电路图进行检查。

3. 出厂试验和例行试验

（1）出厂试验

出厂试验是产品在完成装配、调试后，在出厂前按国家标准逐台试验。一般都是检验一些最重要的性能指标，并且这种试验都是既对产品无破坏性而又能比较迅速完成的项目。不同的产品有不同的国家标准，除上述外观检查外还有电气性能指标测试、绝缘电阻测试、绝缘强度测试、抗干扰测试等。

（2）例行试验

例行试验包括环境试验和寿命试验。电子整机一般都要进行环境试验。环境试验是在模拟产品可能遇到的各种自然环境条件下进行的试验，是一种检验产品适应环境能力的方法。环境试验的项目是从实际环境中抽象、概括出来的，因此，环境试验可以是单一的（模拟一种环境因素），也可以是综合的（同时模拟几个环境因素）。

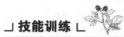 技能训练 └ 布线操作训练

1. 训练目标

按接线图表，有序、规范地进行布线操作。

2. 训练器材

装接工具 1 套，台式收录机 1 台（内部接线不少于 20 根），连接导线若干，接线图表工艺文件 1 份。

3. 操作要点

① 根据接线表加工好所需导线。

② 布线的顺序从左到右，从上到下，从纵深到前沿。

③ 走线时应避开金属锐边、棱角，远离发热体。

④ 固定线束应尽量贴近底板，架空线应有支架支撑。

⑤ 活动部件相连导线的长度要有一定的活动余量。

⑥ 整理布线，使走线有条不紊，外观整齐美观，不影响电性能。

任务三　整机检修基本技能

整机安装完成后，往往还不全是一通电就能正常工作的，还会由于安装方法不当和元器件等诸多原因，遗留一些故障待排除。如何排除这些故障是下面讨论的主题。

检修工作的一般程序为：观察故障现象→分析故障原因→判断故障部位→查找检测故障元件→调整故障电路→初检等。整个检修过程，既需要应用理论知识对故障进行判断分析，还需要了解检修的基本方法和处理电路故障的措施。以下介绍的各种故障检测方法是长期实践中总结、归纳出来的行之有效的方法，具体应用中还要针对具体检测对象，交叉、灵活地运用。

 基础知识 └

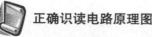 知识链接 1 正确识读电路原理图

每一种产品都有电路原理图，它是检修工作的重要依据。正确识读电路原理图，主要指下述 3 个方面。

1. 建立整机方框图

图 5.3.1 所示为按键电话机的整机结构框图。实际电路中并没有这些方框，各部分电路是连接在一起的。因此，首先要用已经掌握的方框图，去分析电路原理图，建立整机基本结构概念，明

确原理图中各单元电路的功能及包括哪些主要元器件。

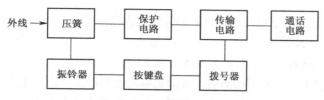

图 5.3.1　按键电话机的整机结构框图

2．理清直流供电电路

整机各单元电路只有在得到正常的直流供电情况下，才能完成其功能。因此，理清直流供电关系，是检修工作的重要步骤。

3．理清交流信号流程

这是识读电路的进一步深化。通过理清交流信号的流程，可熟悉各单元电路间的关系，各单元电路中主要元器件的作用。

知识链接 2 **基本检修方法**

借助于万用表能方便地检测电阻器、电容器、晶体管、开关等常用电子元器件。

1．观察法

此方法不需要任何仪器仪表，通过看、听、闻来发现电子产品所产生的故障所在。这是一种最简单、最安全的方法，也是对故障机的一种初步检测。

（1）看

通过人的视觉观察以下几方面是否正常，从而发现故障。

* 保险管、熔断电阻是否烧断。
* 电阻器是否烧焦变色，电解电容是否有漏液现象。
* 焊接点有无虚焊、脱焊和搭焊现象。
* 印制电路板的铜箔有无翘起和断裂。
* 机内各种连接导线有无脱落、断线等。
* 机内的传动零件是否有移位、断裂等现象，如收录机机芯、皮带脱落。
* 插头与插座接触是否良好，开关簧片有无变形。
* 对于显示器件，可观察其字符有无缺笔少划等。

（2）听

* 通过听觉检测电子产品机内是否有异常声音出现。
* 听到扬声器发出的声音很轻、有失真现象时，需要检测其功放电路是否有故障。
* 当听到机内有异常声音出现时，应配合视觉进一步查找故障的所在位置。

（3）闻

通过嗅觉能够发现通电电子产品是否有不正常的气味散发出来，一旦出现立即关闭电源进行检测，从而判断故障的部位。

2．电压检测法

电压检测法就是用万用表的电压挡测量电路电压、元器件的工作电压，并与正常值进行比较，判断排除故障点。

（1）直流电压检测

测量晶体管3个极的静态电压，是判断晶体管放大电路是否正常的主要手段。例如，处于放大状态下的晶体管，NPN管应 $U_C>U_B>U_E$，PNP管应 $U_E>U_B>U_C$，其中硅管的 U_{BE} 为 0.6V 左右，锗管为 0.2V 左右。若偏离上述正常值，晶体管则失去放大作用。

- 通过对电源输出直流电压的测量，可确定整流电源部分是否工作正常。
- 通过对集成电路各引脚直流电压的测量，可以判断集成电路本身及其外围电路是否工作正常。
- 通过测量电路关键点的直流电压，可大致判断故障所在的范围。关键点电压是指对判断故障具有决定作用的那些点的直流电压值。

（2）交流电压检测

交流电压测量一般是对输入到整机的交流电压的测量，以及经过变压器输出的交流电压的测量。结合直流电源输出测量，可以确定整机电源的故障所在。

3. 信号注入法

信号注入法就是利用信号发生器来检查故障的方法。其基本方法是把一定的信号从后级到前级逐级输入到被测电路的输入端，然后再通过电路终端的发音设备或显示设备（扬声器、显示器），以及示波器、电压表等反应的情况，作出逻辑判断的检测方法。在检测中哪一级没有通过信号，故障基本就在该级单元电路中。

除了以上几种检测方法之外，常见的还有电阻分析法、替代法、验证法、对比法、分割法等。具体故障要具体分析，维修方法需灵活运用，不可死搬硬套，方能取得事半功倍的效果。

知识链接 3 **电路常见故障处理方法**

1. 故障处理的一般程序

出现故障后，应注意观察故障现象，然后根据故障现象进行分析、判断，压缩出大致的故障范围，判断出故障原因。例如，把故障现象联系起来，边检查边分析判断，经判断后认真检查测试，会比较顺利地找出故障点，然后再根据具体的故障采取相应的措施进行排除。

2. 故障处理的基本原则

① 先进行分析后动手检查，不能盲目乱拆、乱换。

② 先简后繁，即先用简易的方法检修，若不行，再用复杂的方法检修。

③ 先断电检修后通电检修，即先一般进行断电检查，然后加电检修。

3. 故障处理的一般方法及注意事项

（1）故障处理的一般方法

电路部分故障包括元器件故障和工艺性故障。

- 工艺性故障。工艺性故障是指漏焊、虚焊、装配错误等，可借助于直观检查法检查。
- 元器件故障。元器件故障主要用仪表检查。

（2）故障处理的注意事项

- 焊接时不要带电操作。
- 防止触电，在进行故障处理时，要注意安全用电，防止发生事故。
- 测量管子、集成电路各引脚电压时，应防止各电极之间短路。

知识链接 4 **电路故障产生的原因**

电路故障产生的原因很多，情况也很复杂。有的是一种原因引起的简单故障，有的是多种原因引起的复杂故障。这里仅进行一般性分析。

（1）电路中元器件故障。各类元器件有特有的损坏形式，如电阻器容易开路或阻值变大。元器件故障常使电路有输入而无输出或输出异常等，需要更换相应的电子元件后，电路工作才能恢复正常。

（2）电路连接不良引起的故障。电路中接点接触不良，如焊接点虚焊、连线线断、元器件节点脱焊、元器件引脚折断、印制电路板上印制导线断裂等，这种故障检查起来有时比较困难，必须格外注意。

（3）操作不当引起的故障。调试中对仪器仪表使用操作不当会引起故障，为了避免这类故障，必须在调试前熟悉仪器和设备的性能、使用方法及使用注意事项。

（4）各种干扰引起的故障。常见的故障有电源滤波不良和外界高频电脉冲干扰引起的电路工作不稳定。

项目小结

电子装接安全用电包括安全操作规程，遵守本专业实训规章制度等。

文明生产就是创造一个布局合理、整洁优美的工作环境，是保证产品质量和安全生产的重要条件。总装是把半成品装配成合格产品的过程。

电子产品总装结束后，都要经过调试，才能保证电子产品的质量。调试的目的是使电子产品实现预定的功能和达到规定的技术指标。整机调试是在单元调试和整机前段总装之后进行的调试过程。调试的内容、方法、步骤、仪器仪表、工具量具等，由调试工艺指导卡规定。

产品质量与生产过程中的每一个环节有关，检验工作应贯穿于整个生产过程。生产过程中的检验，一般采用自检、互检和专职检验相结合的方式，以确保产品质量。

整机检验是产品经过总装、调试合格之后，检查产品是否达到预定功能要求和技术指标的检验。

安装工艺文件是产品生产的法规，也是整机生产中的一项基础技术。

整机接线的优劣与整机电路的电性能好坏有密切关系，因此要懂得导线的配线、布线的原则，掌握布线方法。

思考与练习

一、判断题（对写"√"，错写"×"）

1. 螺钉旋具可以带电操作。 （　　）

2. 尖嘴钳、剥线钳的手柄上均套有耐压 500V 的绝缘套管，但在实际使用中，均在不带电场合使用。 （　　）

3. 电气着火应使用水灭火。 （　　）

4. 为了操作方便，一般把工具和材料悬挂在工作台的边上。 （　　）

5. 保持仪器仪表清洁，应经常用湿布擦干净。 （　　）

6. 操作人员戴手套操作，主要是预防手被碰伤。 （　　）

7. "三检"规定指的是：同一件产品必须由3个人进行检验。 （　　）

8. 整机的接线是按原理图的要求进行的。 （　　）

9. 拆焊时，导线可能引起焊料飞溅，从而引起烫伤。 （　　）

10. 整机调试的一般顺序是先进行静态调试，后进行动态调试。 （　　）

二、选择题

1. 从插座取下电线插头时，应握住（　　）。

　　A. 导线　　　　　　　　B. 插头　　　　　　　　C. 导线和插头

2. 判断电烙铁是否通电升温，通常用的办法是（　　）。

　　A. 用手快速触摸烙铁头　　B. 用鼻子嗅　　　　　C. 观测烙铁头熔化松香

3. 在传送剪刀时，应使其（　　）背向对方。

　　A. 剪刀头　　　　　　　B. 剪刀柄

4. 为防止信号对外干扰，传输信号的连接线通常采用（　　）。

　　A. 护套线　　　　　　　B. 屏蔽线　　　　　　　C. 电磁线

5. 整机装配的内容应包括（　　）。

　　A. 机械装配　　　　　　B. 电气装配　　　　　　C. 机械装配和电气装配

6. 下列不属于动态测试内容的是（　　）。

　　A. 交流电压　　　　　　B. 直流电压　　　　　C. 输出波形　　　D. 信号频率

三、简答题

1. 预防触电的措施有哪些？

2. 文明生产有哪几个方面内容？

3. 简述整机装配的工艺过程。

4. 整机装配的质量检验有哪几个方面？

5. 电子产品为什么要进行调试？调试的一般程序是什么？

项目六

整机装配实例

无线电整机装接是无线电产品生产的重要工艺过程。现以调频调幅磁带收录机和数字万用表为例，详细叙述整机装接的工艺流程，供学员根据实际情况加以选做。

知识目标
- 了解整机实例的工作原理和组成结构。
- 通过实例进一步熟悉总装工艺流程。

技能目标
- 能独立按工艺文件完成技能训练项目。
- 通过实例熟悉整机的一般调试工艺和检修技能。
- 通过对电子产品的安装、调试及检修，提高操作规范，培养工程实践能力。

任务一　收录机的组装工艺

你知道丹麦科学家波尔森吗？世界上最早的磁性录音机就是他于 1898 年发明的。波尔森设想利用电话机的电流，将一个长的磁性载体以部分磁化来记录声音。如图 6.1 所示，录音时用钢丝作磁性载体，把钢丝张紧，再将装有滑轮电磁铁悬挂在钢丝磁头上，把电话机的送话器作为传声器接到磁头上然后一边对着送话器说话，一边使磁头沿着钢丝滑动来进行录音。放音时也用同样方法，把磁头作为放音磁头，受话器作为耳机，使磁头边滑动边听，这就是波尔森最早进行的磁性录放音试验，这在当时无疑是划时代的发明。

图 6.1.1　波尔森实验

时至今日，随着科学的进步，技术的发展，磁带录音机早已普及到每个家庭。下面，让我们一起来学习磁带录音机的基本知识，亲身体验组装收录机的乐趣。

基础知识

知识链接1 **磁带收录机的组成及功能**

收录机是由收音机和盒式磁带录放机两大部分组成的。通过开关的转换，既可以接收广播电台信号，又可完成录音和放音工作。下面主要介绍磁带录音机的组成及工作过程。

磁带收录机是一种集机电一体的电器产品，它主要由机芯与电路两部分组成，其方框图如图6.1.2所示。

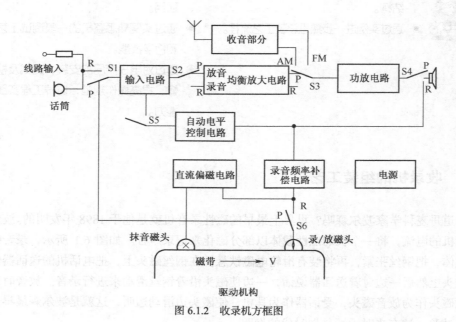

图 6.1.2　收录机方框图

1. 机芯部分的组成和功能

图6.1.3所示为常见直键式机芯的外形图。从图中可见，机芯是由许多精密的零部件精心组装而成的，它们相互协调配合，实现机芯的各种功能。

① 录音机在录、放音时，使磁带紧贴磁头以恒定的速度（4.76cm/s）走带，并整齐地将磁带卷绕在带盘上。

② 通过放音磁头把磁带上记录的剩磁信号转变为相应信号电流。

③ 通过抹音磁头和录音磁头把信号电流转变为相应的磁场，对磁带进行抹音和记录。

④ 完成快速进带、快速倒带、制动、暂停等功能。还有一些辅助功能，如防误抹、磁带计数、自动停止、出盒功能等。中、高档录音机还有选听、自动倒带等功能。

2. 电路部分的组成和功能

① 输入电路。对来自话筒、线路输入和放音磁头的信号进行衰减或提升，使信号以一定的幅度输入到放大电路中。

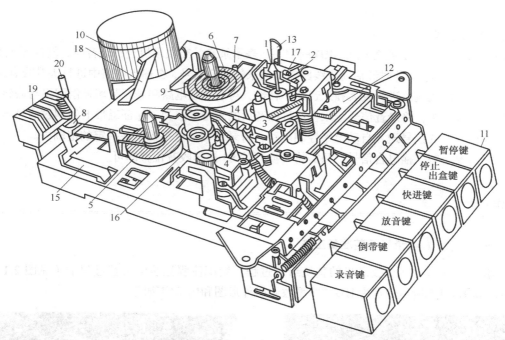

1—主导轴 2—压带轮 3—录放头 4—抹音头 5—供带盘座 6—收带盘 7—张力轮 8—快卷轮 9—制动器
10—直流电动机 11—直键开关 12—自停机构 13—出盒机构 14—定位柱 15—防误抹装置 16—倒带轮
17—暂停机构 18—磁带盒压片 19—计数器 20—复零按钮

图 6.1.3 常用直键式机芯外形图

② 录、放音均衡电路。对来自话筒、线路输入和放音磁头的录、放音信号进行放大，并根据录、放音中的各种损耗进行补偿。

③ 自动低电平控制电路（AGC）。对录音信号电平进行自动控制，使录制在磁带上的信号不产生严重失真。

④ 偏磁电路。在录音过程中，为了使录音信号不产生非线性失真，为磁头线圈提供一个直流（交流）偏磁信号，同时也作为直流（交流）抹音信号送入抹音磁头。

⑤ 功率放大电路。在放音时，为扬声器提供足够的放音输出信号；在录音时，为录音磁头提供足够的录音信号。

⑥ 电源电路。为收录机的各部分电路提供稳定的直流电压，同时还为机芯中的电动机提供能量。

知识链接 2 **收录机的工作过程**

1. 收音部分

在图 6.1.2 中将转换开关 S3 置于"收音"位置，S4 置于放音"P"的位置，便可分别接收广播电台的调幅（AM）和调频（FM）信号。

2. 磁带放音

在图 6.1.2 中"P"是英文 PLAY 的缩写，表示放音。当收录机进行磁带放音时，转换开关 S1～S6 应置于"P"的位置。此时，放音磁头将磁带上录制的剩磁信号转换为电信号，并送入输入电路，经放音均衡放大电路放大和频率补偿后，送入功率放大电路进行放大，最后至扬声器还原成声音。

3. 录音过程

图 6.1.2 中"R"是英文 RECORD 的缩写，表示录音。当收录机进行录音时，转换开关 S1～S6 置于"R"的位置。此时经话筒或线路输入送来的录音信号，在输入电路中进行提升或衰减后，送入录音均衡放大电路进行放大和录音频率补偿，再经功放电路和录音频率补偿网络与偏磁信号一起送入录音磁头，将录音信号记录在经过抹音后的磁带上。为了保证磁带上的剩磁信号不产生失真，功放输出的信号送入自动电平控制电路，将录音信号电平控制在一定的范围内。

如果需要录制广播电台信号，只需将转换开关 S3 拨至收音位置即可。

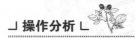

⌐ 操作分析 ⌐

操作分析 1　收录机组装准备工艺

本例介绍 HD-777 型收录机的整机组装过程，装配流程见装配工艺过程卡（见图 2.1.3）。图 6.1.4 和图 6.1.5 所示分别为 HD-777 型收录机外形图和内部实物图。

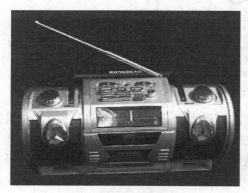

图 6.1.4　HD-777 收录机外形图　　　　　　　图 6.1.5　HD-777 收录机内部实物图

收录机装配之前应熟读装配工艺文件，对所用的元器件及材料要做好分类、筛选以及必要的加工处理等准备工作，常见的装配工艺文件有元器件的分类和质量检验、导线加工、元器件成形、印制电路板插焊等。

1. 熟悉工艺图纸

仔细阅读配套明细表、导线加工表、接线表、装配工艺过程卡等各种装配工艺图和工艺要求。

2. 清点元器件

按配套明细表复核元器件的数量和规格是否符合工艺要求，若有短缺、差错及时补缺和更换。

3. 元器件检测

检查元器件质量的好坏，除了目测外，主要是使用万用表进行简易判断。例如，用 R×1 挡测量各类线圈、中周、扬声器、开关等元器件直流电阻是否符合要求；用 R×1k 挡测量二极管正、反向电阻，测量晶体管的 3 个电极，测量电位器控制阻值是否平滑，测量固定电阻是否符合标准值，测量电容器是否有短路、漏电现象等。通过测量和选择，可以判断元器件的好坏，去掉不合格元器件。

4. 导线的加工

导线颜色、总长、剥头长度和数量按表 6.1.1 所示进行加工。

表 6.1.1 　　　　　　　　　　　　　　　HD-777 型收录机接线表

序号	线号	自何处来	接到何处	导线数据	颜色	长度（mm）	接线修剥长度（mm）		套管数据	数量
							A 端	B 端		
1	W1	四连	J-1	RV-7/0.15	蓝	50	5	5		
2	W2	VR1-①	J-2	RV-7/0.15	蓝	220	5	5		
3	W3	VR1-②	J-3	RV-7/0.15	红	220	5	5		
4	W4	VR1-③	J-4	RV-7/0.15	黑	220	5	5		
5	W5	MIC-①	J-5	RV-7/0.15	黑	180	5	5		
6	W6	MIC-②	J-6	RV-7/0.15	红	180	5	5		
7	W7	机芯开关①	J-7	RV-7/0.15	黄	140	5	5		
8	W8	机芯开关②	J-8	RV-7/0.15	黄	140	5	5		
9	W9	机芯马达①	M ?+	RV-5/0.1	红		5	5		
10	W10	机芯马达②	M ?−	RV-5/0.1	黑		5	5		
11	W11	FM 天线	J-9	RV-7/0.15	红	220	5	5		
12	W12	喇叭①	J-10	RV-7/0.15	红	260	5	5		
13	W13	喇叭②	喇叭③	RV-7/0.15	绿	260	5	5		
14	W14	喇叭④	J-11	RV-7/0.15	黑	260	5	5		
15	W15	录放磁头	J-12	单芯屏蔽线	白	170	5	5		
16	W16	录放磁头	J-13	RWP-X/0.15	灰		5	5		
17	W17	LAMP	J-14	RV-7/0.15	灰	220	5	5		
18	W18	LAMP	J-15	RV-7/0.15	灰	220	5	5		
19	W19	LED	J-16	RV-7/0.15	红	220	5	5		
20	W20	LED	J-17	RV-7/0.15	白	220	5	5		
21	W21	负极弹簧	电源插座	RV-7/0.15	黑	260	5	5		
22	W22	电源插座	J-18	RV-7/0.15	黄	220	5	5		
23	W23	正极弹簧	J-8	RV-7/0.15	红	260	5	5		

5. 元器件引脚的预加工

元器件引脚的预加工应按工艺要求进行，以保证组装的质量，进一步提高焊接的牢靠度，并使元器件排列整齐、美观，满足印制电路板中的安装要求，提高插件效率。

6. 元器件的插装、焊接

一般说来，元器件的插装顺序是由小到大，先低到高，这样不但便于定位而且有利于保护元器件。印制电路板上插装顺序是：跨接线→卧式电阻→集成电路插座→瓷片电容→立式电阻→微调电阻→整流二极管→稳压二极管→电感线圈→晶体管→陶瓷滤波器→卧式电解电容→立式电解电容→耳机插座→录放开关→中周→功能开关→四联可变电容器→天线线圈→音量电位器→插入集成电路。

7. 后框上零部件安装

这里主要是指收录机后框上零部件的安装，安装顺序为：拉杆天线→电源插座→电源变压器→电池弹簧组件等，装配结构示意图如图 6.1.6 所示。

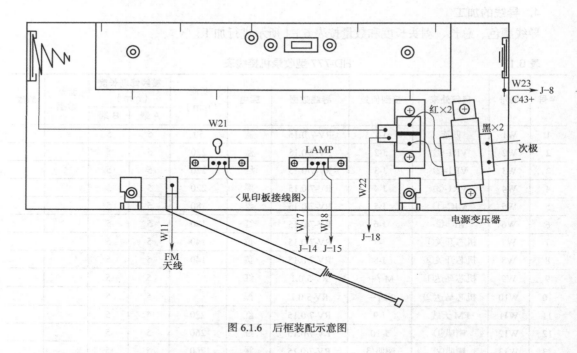

图 6.1.6　后框装配示意图

① 焊好电池弹簧接线，将正负极弹簧插入电池盒扣紧。

② 安装拉杆天线。将搪好锡的焊片放在塑料支柱和拉杆天线之间，从后框外面用平圆头螺钉拧紧，如图 6.1.7 所示。

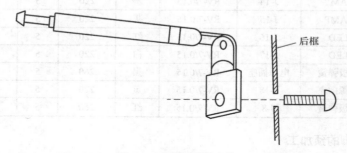

图 6.1.7　拉杆天线的安装

③ 安装电源变压器。在确认变压器初、次级位置后，将变压器放入规定位置上用自攻螺钉拧紧。

④ 安装电源插座。将电源变压器初级引出线焊在交/直流电源插座的交流接线端上，并套上绝缘套管，如图 6.1.8 所示，然后将电源插座用自攻螺钉固定在后框的相应位置上。

操作分析 2 **收录机总装和调试工艺**

总装的基本要求是牢固可靠，不损伤元器件和零部

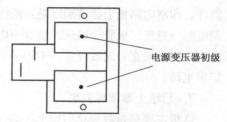

图 6.1.8　交/直流电源插座的安装

件，避免碰坏机壳及元器件和零部件的表面涂覆层，不能破坏整机的绝缘性能，安装方向、位置、

极性的先后程序要正确；要保证产品的电性能稳定，并有足够的机械强度和稳定度。

1. 单板调试和试听

单板调试是将完成插、焊的印制电路板在工装夹具上或通过相关连接进行初调或试听。

（1）收音部分初调试听

初调接线如图 6.1.9 所示。

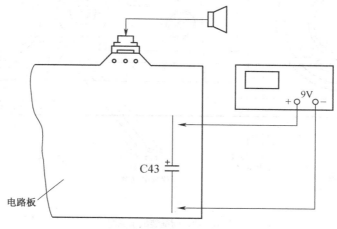

图 6.1.9　初调试听接线

① 通电前的检查。在通电前应先检查印制电路板插件是否正确，有否有虚焊和短路。各连接线是否连接正确、牢靠。特别要注意大容量电解电容的正负极性安装是否正确。

② 通电后的观察。接通 9V 直流电源后，此时应注意观察有无打火、冒烟现象，有无异常气味，输入电压是否下降。如果出现异常，应该立即关断电源，待故障排除后方可重新通电。

③ 通电初调试听。将收录机开关 S1 置于收音状态，收音选择开关 S2 置于中波 AM 处，音量电位器 VR1 调至适中位置，接上 9 V 外接直流电源，调节四联可变电容器，要求能收听到两个以上广播电台信号。频率范围调整：四联在"低端"处用无感螺丝刀调中周 T2 的磁帽位置，"高端"调四联上 C2 微调电容。

然后将 S2 置于调频 FM 处，用无感螺丝刀拨动 L2 的间距，同样要求能收听到两个以上电台信号。频率范围调整：四连在"低端"处调 L1、L3 的间距，在"高端"调四连上 C3 微调。

（2）放音试听

试听接线如图 6.1.9 所示。取一根导线将图 6.1.10 中 J-7 点与 J-8 点连接（相当于机芯开关闭合），用人体感应信号注入 J-12 处（连接录放磁头屏蔽线的芯线），扬声器应有明显感应信号输出。

2. 整机装配

总装是将合格的印制电路板经电气连接，其他配套零部件或组件通过螺接、铆接、胶接等工艺，安装在整机架上，即安装在收录机前框、机壳上。

总装前总装人员应掌握总装工艺文件的要求并熟悉样机，掌握好总装要领、总装先后顺序和总装注意事项。

（1）前框的装配

前框装配结构示意如图 6.1.10 所示。

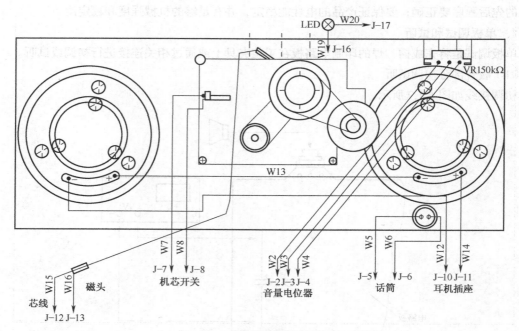

图 6.1.10　前框装配示意图

┘ **提示** ┖

　　　　　　每个工位的工作台上都应放置软垫，以保护前框和装饰件。

　　① 网罩安装。将扬声器网罩压入前框相应位置，把网罩 8 个脚向内折弯扣紧在前框上。

　　② 装饰件安装。把装饰件从前框正面压入相应位置，用专用电烙铁从前框内进行热铆固定。

　　③ 盒式门安装。把盒式门平稳压入前框带仓内。注意用力不能过度，以防支架断裂。

　　④ 扬声器安装。将焊好接线的扬声器用自攻螺钉、压板固定在前框背面带加强筋的柱子上。

　　⑤ 装配调谐器。将频率调谐齿轮套入调谐轴上并用螺钉固定在前框相应支架上，如图 6.1.11 所示，然后安装频率调谐拉条、收音刻度尺镜和卡门镜片。

　　⑥ 固定录放机芯。安装录放机芯前，先焊好磁头屏蔽接线和机芯开关接线，用 4 只自攻螺钉将录放机芯固定在前框支架上。机芯各键滴上胶粘剂后装好各键的按钮。各按键动作应

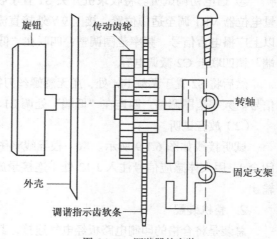

图 6.1.11　调谐器的安装

灵活，弹跳自如；电动机传动皮带套入槽内不脱落；各种接线不妨碍磁头、按键和传动部分的运动。

　　⑦ 印制电路板安装。按接线表 6.1.1 和装配图完成全部导线连接，如图 6.1.12 所示。焊接要正确，焊点光洁圆滑，无虚假焊；布线要合理，并用搭扣或用热熔胶固定。用自攻螺钉把接好线

的印制电路板固定在录放机芯上方应带加强筋的柱子上。

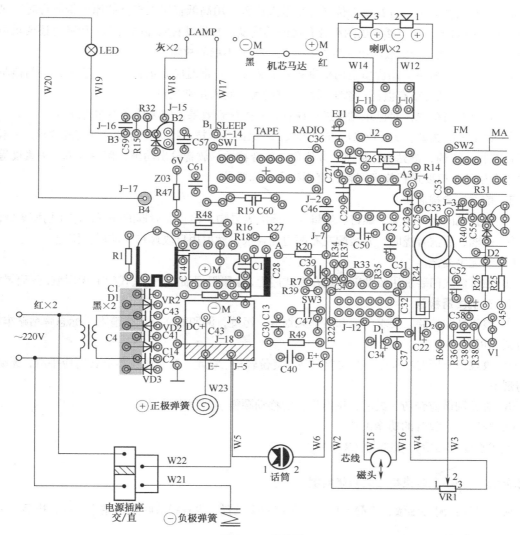

图 6.1.12　接线图

⑧ 其他零部件安装。把驻极体话筒放入相应位置，并滴上胶粘剂固定。将轴套压入音量电位器上，用螺钉拧紧，然后插入前框支架内套上旋钮。

（2）整机试听和调试

整机通电之前要进行装连正确性检查，目的是检查电气连接是否符合接线图的要求。焊接点是否牢靠，各零部件是否安装到位。

① 收录机的试听检查。

● 试听收音效果。收音部分试听方法如前所述。

● 试听放音噪声。接通电源，不放入磁带，按下放音键（PLAY）。将音量电位器（VR1）开至最大，此时除轻微的"咝咝"声，不应听到明显的噪声。

● 试听机芯传动噪声。将音量电位器调至最小位置，放入磁带放音。此时机芯应平稳运转，且不应听到电动机转动声、传动机构的磨擦声。在磁带快进、快倒状态下，录音机不应有较响的传动噪声。

● 试听放音效果。将音量电位器开至最大位置，用高低音层次丰富的原声带放音时，录音机应是满功率输出，扬声器发出的声音有足够的响度，并且没有明显的失真。放音时还要求声音无颤抖、走调现象，否则表明机芯存在抖晃大、带速不稳的故障。

● 试听录音效果。用优质空白磁带录音后重放，正常时应有足够的录音输出，且与监听效果基本相符；若高音略有损耗，基础噪声略有增大，则属正常现象。

● 检查抹音效果。对已录磁带进行抹音，检查抹音效果，应无抹音不净等现象。

② 收录机的调试。试听合格后进行调试，以保证各项技术指标符合设计规定的要求。一般调试项目有收音统调，抖晃率，带速，方位角，放音特性，放音输出功率，偏磁电流，失真度等。调试不合格的整机要进行修理调整，直到符合指标要求。

3. 前后框合拢总装

① 检查机内应无线头、螺钉、螺母、焊锡渣等异物，检查前后框的外观，应无划痕等缺陷。

② 前框、后框合拢时，先装配左右两边侧盖板，然后用自攻螺钉将前后框固定。

③ 装配手提把。

④ 磁带盒式门装饰用胶粘剂固定在盒式门上，涂覆阻尼油。检查盒式门上无划痕，开启灵活。

4. 整机质量检验

① 整机外观检验，要求前框和后框无划痕、污迹，漏印的文字图样清晰，标志牌粘贴牢靠，螺钉紧固可靠。

② 收录机上所有功能键、开关要灵活，复位轻松、稳定，音量电位器旋转时应平滑，无跳动阻碍现象。

③ 旋转调谐应轻巧、灵活，调谐指针的移动顺畅、行程满足要求。

④ 收音、录放音的功能正常。

上述检验合格后，可进入包装工序。

操作分析3  **收录机故障检修实例**

检修要领：耐心细致、冷静有序，先判定故障位置，再查找故障点，循序渐进，排除故障。

⌐ 警示语 ⌐

● 安全第一，开机后发现异常情况立即关机。

● 切忌乱调乱拆，盲目烫焊，扩大故障。

1. 收音部分检修程序

图6.1.13所示为收音部分检修流程图。

（1）收音和放音均无声

① 故障分析。功放电路（IC2）或电源电路存在问题时均可出现收音和放音无声故障。

② 检修步骤。

● 测量电源供电直流电压值是否正常（正常值带载为9V左右），如果是0V，则应检查电源部分整流、滤波、变压器、AC/DC插座等。

● 测量IC2②脚电压，正常值为9V左右，如果是0V，则检查印制板电路上从IC2②脚到电源之间的铜箔连线是否断裂，开关接触是否良好。

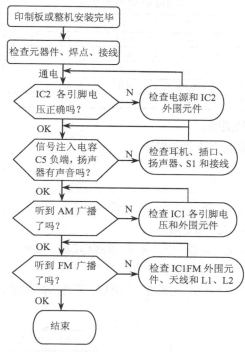

图 6.1.13 收音部分检修流程图

- 检查音量电位器的接线是否正确，扬声器是否完好。
- 输入端信号经过的电阻器、耦合电容是否开路或损坏。
- IC2 外围元件存在故障或 IC2 损坏。

⌐ 操作技巧 ∟

手握镊子钳轻触音量电位器的中心端（注入人体感应信号），如果扬声器中发出明显的感应交流声，则说明功放电路工作正常；否则，采用电压检测法按上述检修步骤检修。功放集成电路 C2822 参考电压如表 6.1.2 所示。

表 6.1.2   C2822 引脚参考电压

管 脚	1	2	3	4	5	6	7	8
电压/V	2.8	9.5	4.2	0	0.54	0	0	0.54

（2）收不到电台，但扬声器有"沙沙"声

① 故障分析。收录机扬声器能发出较大"沙沙"声，说明扬声器、电源供给及功放输出这几部分基本良好，该故障范围大致在收音集成电路 IC1 及外围电路。

② 检修方法。

- 检查该部分装配、连接情况。
- 测量集成电路（2003P）各管脚电压值，参考电压如表 6.1.3 所示。
- 检查 R11 到音量电位器 VR1 之间的元器件和连接情况。

表6.1.3   **C2003P 管脚参考电压**

管脚	1	2	3	4	5	6	7	8
AM	0	0	0.5	0.53	1.07	4.8	4.8	0
FM	0	0	3.4	0.21	0.92	4.8	4.8	0
管脚	9	10	11	12	13	14	15	16
AM	4.27	4.27	0.95	4.8	0.85	0.85	4.8	4.8
FM	4.05	4.05	4.8	4.8	0.85	4.8	4.8	4.8

- 检查 AM 天线线圈的通断。
- 检查两只陶瓷滤波器是否错装和损坏。

⌐ 操作技巧 ∟

- 用镊子钳在 C11 与 C40 连接点上注入人体感应信号，如听到"沙沙"声，说明该点与功放之间连接正常。
- AM 时，用镊子钳轻触 IC1④脚和⑦脚，应能听到电台信号。用镊子钳接触 IC1⑯脚，扬声器应能发出较大音响。
- FM 时，用镊子钳轻触 IC1⑧脚，声音应有明显变化，轻触 IC1⑬脚应能听到电台声音。

2. 录放部分检修程序

录放电路检修流程如图 6.1.14 所示。

（1）放音无声

① 检修思路。放音无声说明放音通道不能正常工作。一般是由放音电路的故障引起，也可能是磁头、机芯（不运转）或供电电路故障所引起的。检修时应先分清属于放音无声还是放音完全无声，后者一般只与功放或电源有关，而前者则不然。

检查放音无声故障可用电压法和信号注入法。

② 检修步骤。在放音状态下，用镊子钳轻触电容器 C3 负端，检查扬声器能否发出较响的感应信号声音。

- 若扬声器有感应声，说明故障在录放开关 SW3 至录放磁头之间。
- 若扬声器无感应声，测量晶体管 VT1、VT2 直流电压，参考电压如表 6.1.4 所示。
- 检查录放部装、焊、连接和元器件质量等情况。

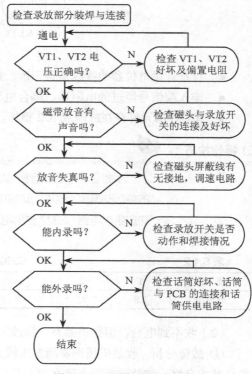

图 6.1.14 录放部分检修流程图

表6.1.4   **晶体管 VT1、VT2 的参考电压**

管脚	e	b	c
VT1	0	0.56	1.18
VT2	0.58	1.18	4.45

（2）带速不正常

① 故障分析。带速偏快、偏慢或不稳都属带速不正常故障。一般是因电动机稳速电路失调、损坏，或电动机故障所致，但也可能因为走带机构润滑不良、压带轮压力不合适，或传动皮带过紧、过松等所致。

② 检修方法。在不通电时，按下放音键，用手旋转飞轮带动走带机构，正常时运动灵活无阻，若不正常则换机芯。

调节调速电阻 VR2 观察带速变化，若无变化则应检修稳速电路。

测量稳速集成电路 6050P 各引脚直流电压，如表 6.1.5 所示。若电压值与参考电压值相差较大，先查外围电路，后换集成块。

表 6.1.5　　　　　　　　　集成电路 6050P 引脚参考电压

管　脚	1	2	3	4	5	6	7	8
电压/V	4.28	9.5	4.22	0	0.54	0	0	0.54

（3）绞带

① 故障分析。使用录音机时如果发生绞带故障，就机芯而言，一般是因收带盘收带力矩过小或停转造成的，也可能因压带轮与主导轴脏污或不平行及压带轮偏心等所致。

② 检修方法。

● 收带盘若时停时转，则表明收带机构中可能存在脏污打滑、变形等。可用无水酒精擦洗，再对各滑动部位加注少量脂类润滑剂。

● 检查压带轮、主导轴等，若它们之间不平行，可用钳子小心矫正压带轮支架轴，直到二者平行为止。

● 若磁带被绞断，压带轮轴上卡有断带，应及时清除，不然可能引起走带速度变慢。

● 出现轻度绞带，用工具轻拨绞在压带轮或主导轴上的磁带，使其慢慢退出。

（4）不能录音

① 故障分析。若放音正常，但不能录音，说明录放公共通道工作正常，故障出在录音通道中的非公共部分，即录音输入与输出，或偏磁电路等。

② 检修步骤。

● 检查外接话筒连接线和话筒的好坏。

● 试用机内收音信号，看能否录音。

● 检查外接话筒能否录音。

● 外录、内录均不能录音，则按以下录音信号通路检查。

话筒录音：MIC→C30→S1→C47→S3→C34→VT1→VT2→集电极→C58→R38→S3→录放磁头。

机内收音录音：S1→C47→S3→C34→VT1→VT2→集电极→C58→R38→S3→录放磁头。

操作分析 4 盒式收录机基本操作键的使用

1. 各种操作键和控制钮的使用

（1）机械传动部分

盒式收录机根据不同的款式，其基本操作键大体上有录音键、快进键、倒带键、暂停键、停止键、出盒键等。每个操作键通常用表 6.1.6 所示的符号表示。

表 6.1.6　　　　　　　　　　　　　操作键符号

按 键 名 称	代 表 符 号
停止键（STOP）	□
出盒键（EJECT）	△
倒带键（REW）	▷▷
快进键（F-FWD）	◁◁
暂停键（PAUSE）	‖
放音键（PLAY）	◁
录音键（REC）	●

● 放音键（PLAY）。表示放音时磁带的运行方向，按下此键即处于放音状态。

● 录音键（REC）。录音键在不放磁带的情况下以及磁带上防误抹孔被挖去时是按不下去的，一旦录音键按下去，录音电路就被接通。

● 快进键（F-FWD）。在按下快进键之前应先按下停止键，避免走带或倒带动作时突然按下快进键造成磁带损坏或机械故障。

● 倒带键（REW）。倒带键的使用与快进键作用相同，只是方向相反。

● 停止键（STOP）和出盒键（EJECT）。在任何工作状态下只要按一下停止键，机芯部分就停止工作。

● 暂停键（PAUSE）。按下暂停键，不切断电动机电源，仅使压带轮离开主轴，这是处于放音或录音的准备状态；按下暂停键，再按一下则恢复走带。

（2）电路部分

● 音量控制器（VOLUME）。用于调节音量大小。

● 音调控制器（TONE）。用于高、低、中音调节。

● 立体声平衡调节器（BALANCE）。调节两路输出的大小，以获得最终的平衡。

● 磁带选择开关（TAPESELECT）。通过磁带选择开关对应所使用的磁带类型。

● 功能选择开关（FUNCTION）。用于选择收录机工作于收音状态还是磁带（包括录放）工作状态，或是外接输出状态。

● 调频立体声指示灯（FM STEREO LAMP）。只在收听立体声调频广播时，该指示灯才会亮。

● 调谐旋钮（TUNING）。用于寻找电台。

2. 录放音基本操作程序

将电源接通后，按出盒键，带盒仓打开，把盒式磁带装入带盒座（磁带面向磁头），用手关上带盒座，磁带盒就装好了。

（1）机内话筒录音

将录音键按下，面对话筒，就可把讲话声音录入磁带；再按下倒带键，将录好的磁带倒回原处，磁带倒完后按停止键，倒带键就复位；然后按下放音键，录下的声音就重放出来了。若需要跳过一段放音内容，可先按下停止键，再按下快进键，磁带就快速前进，到需要的地方按停止键，再按下放音键，磁带又继续放音。

（2）录制机内收音节目

将功能选择开关扳到"放音"位置，调谐到所需要的电台后按前述录音操作程序进行录音。

录好后将功能选择开关再扳到"磁带"位置，按上述放音操作程序进行放音。

> **训练评价**

1. 训练目标

① 熟悉整机装配工艺，能按工艺文件进行操作，加强动手能力的锻炼和分析能力的培养。

② 通过调频、调幅型收录机的安装、焊接及调试，了解电子产品的装配过程。

2. 训练器材与工具

① 调频、调幅型收录机配套件。

② 常用装接工具和万用表。

3. 训练步骤与工艺要求

① 按配套明细表清点元器件。

② 用仪表检测元器件。

③ 按印制板装配图完成元器件插焊。

④ 借助万用表按工艺要求检查印制板插焊情况，并及时修正。

⑤ 组件加工。

⑥ 板调。

⑦ 前、后框装配。

⑧ 整机通电功能检查。

⑨ 前、后框合拢。

⑩ 整机质量检验。

4. 技能评价

将技能评价填入表 6.1.7 中。

表 6.1.7 收录机整机装配技能评价表

班级		学号		姓名			得分	
时间			实际时间：	自	时	分起止	时	分
项目	工 艺 要 求		配分标准	评 分 标 准			扣分	
元器件成型插焊	1. 正确使用常用工具 2. 按元件工艺表对元器件成型加工、插装 3. 无错装、漏装现象 4. 焊点大小均匀、有光泽，无毛刺，无假焊、搭焊现象 5. 印制导线、焊盘无断裂翘起现象 6. 遵守本专业装接操作规程		35分	1. 元器件成型不符合要求，扣1～6分 2. 排插不符合工艺要求，扣1～6分 3. 虚焊、漏焊、桥接每点扣3分 4. 印制导线、焊盘有断裂、翘起、脱落，每处扣4分 5. 错装、漏装，每只扣5分 6. 违反本专业操作规程，扣2～10分			
部件和整机装配	1. 按装配图进行零部件装配 2. 按接线表要求接线 3. 正确使用安装工具、设备 4. 掌握正确的安装操作方法 5. 零部件装配正确、完整，不能错装和缺装 6. 紧固件规格、型号选用正确 7. 不损伤导线、塑件、外壳 8. 遵守本专业操作规程		35分	1. 电气连接错误，每处扣2～4分 2. 机械连接错误，每处扣2～4分 3. 错装、缺装，每处扣4分 4. 紧固件型号、规格用错和松动，每处扣1分 5. 导线规格、颜色、长度用错，每根扣1分 6. 损伤导线、塑件、机壳，扣2～8分 7. 机内有异物，扣4分 8. 违反本专业操作规程，扣2～10分			

续表

班级		学号		姓名				得分	
时间			实际时间：自 时 分起止 时 分						
项目	工 艺 要 求			配分标准	评 分 标 准				扣分
整机功能检测	1. 能接收到 AM 和 FM 两个台（含）以上 2. 机内录音正常 3. 机外录音正常			30分	1. 调幅无台，扣6分 2. 调频无台，扣6分 3. 声音轻，扣2分 4. 明显有杂音、啸叫声，扣2~4分 5. 不能正常放音，扣6分 6. 放音轻，扣2分 7. 不能正常内、外录音，扣6~12分 8. 内、外录音轻，扣2~4分				
指导老师签名									

任务二　数字式万用表的组装

数字式万用表以数字的方式显示测量结果，可以自动显示数值、单位等。与一般指针式万用表相比，具有操作方便、读数精确、显示直观、可靠性好、功能全、体积小等优点。另外，它还具有自动调零，显示极性，超量程显示、低压显示、自动关机等功能。随着技术的进步，数字式万用表向着小型化、智能化和多功能化等方向发展，其技术含量也越来越高。通过本任务的学习和动手组装，它一定会成为你手中得心应手的工具。

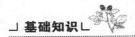

基础知识

知识链接1　数字式万用表的基本结构

常见的数字式万用表显示数字位数一般有三位半、四位半和五位半之分。对应数字显示最大值分别为 1 999 和 19 999 及 199 999，由此构成不同型号的数字万用表。

图6.2.1所示为DT-9205A型数字万用表的整机方框图,全机由集成电路ICL7106、$3\frac{1}{2}$位LCD、

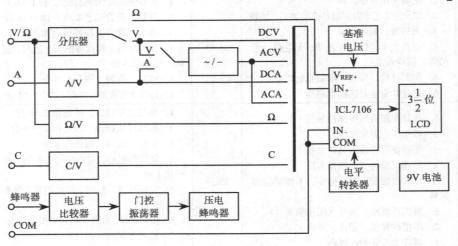

图 6.2.1　数字万用表结构框图

分压器、电流/电压转换器（A/V）、电阻/电压转换器（Ω/V）、电容/电压转换器（C/V）、交/直流转换器（AC/DC）、蜂鸣器电路、电源电路等组成。

集成电路 ICL7106 测量电路的基本部分为基本量程 200mV 的直流数字电压表，对于电流、电阻、电容量等非电量都必须经过转换器转换成电压量后，送入 A/D 转换器。对于高于基本量程的输入电压，则需要经过分压器变换到基本量程范围。

图 6.2.1 中 ICL7106 型 A/D 转换器内部包括模拟电路和数字电路两大部分；模拟部分为积分型 A/D 转换器，数字部分用于产生 A/D 转换过程中的控制信号及对变换后的数字信号进行计数、锁存、译码，最后送往 LCD 显示；电平转换器则将电源电压转换为 LCD 显示所需的电平幅值。IN$_+$、IN$_-$ 为 A/D 转换器输入电压正、负端；COM 为公共端（模拟地）；V_{REF+} 为基准电压正端。

知识链接 2 **A/D 转换器 ICL7106 引脚功能**

数字万用表的核心部分是单片大规模集成电路 ICL7106。ICL7106 是把双积分式 A/D 转换器、七段译码、显示驱动、基准源、时钟信号等所有电路集成在同一芯片上的 CMOS 电路。ICL7106 用于直接驱动液晶显示器（LCD），适于构成袖珍式数字万用表。

ICL7106 的引脚排列如图 6.2.2 所示。各引脚功能如下。

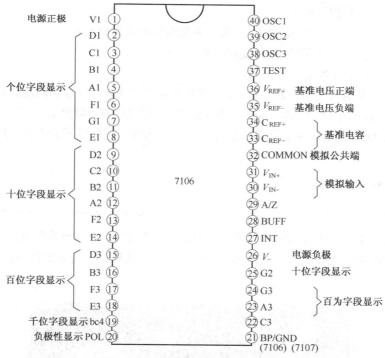

图 6.2.2　7106 引脚排列

● V_+、V_-：电源的正负极。

● A1～G1、A2～G2、A3～G3：分别为个位、十位和百位数码的字段驱动信号端。这些信号分别接 LCD 显示器的相应字段，如图 6.2.3（a）所示。

● bc4：千位字段驱动信号端，由于千位只显示"1"，所以 bc4 接显示器千位上与"1"对应的 b、c 字段，如图 6.2.3（b）所示。

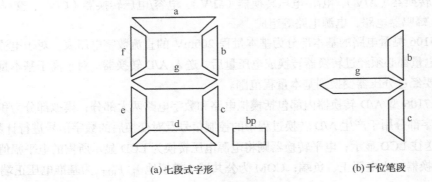

(a) 七段式字形   (b) 千位笔段

图 6.2.3   LCD 数字字形

- POL：负极性指示输出端，此端为千位数码的 g 端。
- BP/GND：液晶显示器背面公共电极（简称背电极）的驱动端。
- INT：积分器输出端，该端接积分电容。
- BUFF：输入缓冲放大器输出端，该端接积分电阻。
- A/Z：积分器和比较器的反相输入端，该端接自动调零电容。
- V_{IN+}、V_{IN-}：模拟量输入端。
- COMMON：模拟信号公共端，一般与基准电压的负端相连。
- C_{REF+}、C_{REF-}：外接基准电容 C_{REF} 的两个端子。
- V_{REF+}、V_{REF-}：基准电压正负端。
- TEST：此引脚有两个功能。其一，TEST 引脚可作为外部字段驱动器的电源负极使用，比如用来驱动 LCD 的小数点字段。其二，TEST 引脚可用来作显示器测试。当把 TEST 引脚的电平上拉到 $V+$ 时，LCD 的所有字段全部被点亮，显示 "–1888"。但时间不能太长，否则会引起 LCD 的损坏。

⌐ 操作分析 ∟

装配数字万用表是一项非常有趣的项目，会给你带来自信和自我价值的体现。

本例介绍 DT-9205A 型数字万用表的整机装配工艺，其外形及内部实物图分别如图 6.2.4 和图 6.2.5 所示。

图 6.2.4   DT-9205 数字万用表外形图

图 6.2.5　DT-9205 数字万用表内部实物图

操作分析 1 **数字式万用表装配工艺过程**

数字式万用表的装配准备工序其要求与收录机基本相同，现就其特殊部分做些介绍。

1. 准备工作

熟悉各种装配工艺图纸和工艺要求，按工艺文件清单检查和复核元器件及材料的型号、规格、数量、质量等是否符合工艺要求。

2. 元器件焊接

元器件插装顺序是：卧式电阻→立式电阻→二极管→晶体管→电容→电解电容→热敏电阻→电位器→开关→电容夹片→HFE 插座→输入插座→保险丝架→电池夹→蜂鸣片→分流器→量程选择开关→液晶显示屏→折叠→齿轮弹簧等。

（1）印制电路板的检验

由于考虑到贴片元件在组装时焊接困难，故配套件在出厂时，贴片元件已经贴焊在印制板上。因此，需要仔细目测所有贴片元件引脚有无漏焊、虚焊、搭焊；若有需要补焊，注意补焊时间不易太长，只要焊锡熔化即可。

（2）元器件插装工艺要求

元器件插装应按装配工艺表要求和样机进行。

⌐ 友情提醒 ∟

注意在装配的全过程中，应始终保持印制板上刀盘与导电胶条连接的位置干净，以免给后面调试带来困难。

① 焊接要求。双面印制板的焊盘孔，一般要进行孔金属化。在金属化孔上焊接时，要将整个元器件的安装座（包括孔内）都充分浸透焊料，如图 6.2.6 所示，所以金属化孔上的焊接加热时间应适当长一些。

② 电容器。垂直于印制板插至最低，无极性电容标志方向置于易观察方向。

③ 电阻器。立式电阻器垂直于印制板插至最低，误差色环向下，如图 6.2.7 所示，卧式电阻器其电阻体距印制板 0.5～1.5mm，误差色环向右。

④ 二极管。立式二极管垂直于印制板插到底，如图 6.2.8 所示，卧式二极管距印制板 3～4mm，二极管在插装时应注意极性，管脚距印制板 3～5mm。

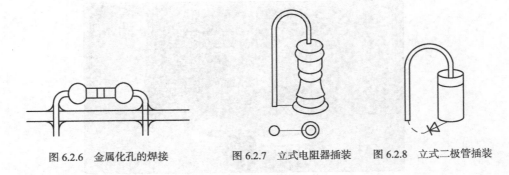

图 6.2.6　金属化孔的焊接　　　　图 6.2.7　立式电阻器插装　　图 6.2.8　立式二极管插装

⑤ 其他元器件和零件的安装焊接。

● 安装晶体管测试插座和电容测试夹片。晶体管测试插座较细的一端必须先括引脚并上锡。垂直插入印制板，不得倾斜，焊锡必须围绕着插座，如图 6.2.9 所示。电容测试夹片的安装如图 6.2.10 所示。

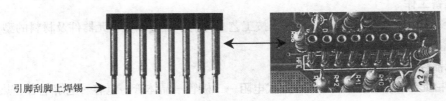

引脚刮脚上焊锡 →

图 6.2.9　晶体管插座安装示意图

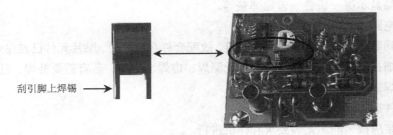

刮引脚上焊锡 →

图 6.2.10　电容测试夹片的安装示意图

● 4 个输入插座（表棒插口）较细的一端垂直插入印制板，不得倾斜，焊锡必须围绕着插座，如图 6.2.11 所示。

刮脚上锡 →

图 6.2.11　4 个已焊好的表棒插口

● 在插按钮开关 2T2P 时，注意底部有凹口的一侧朝电路板有标识侧，开关若装反，则当开

160

关按下时，电源不接通，如图 6.2.12 所示。

● 蜂鸣器、分流器和保险丝座均装在印制板的焊接面。蜂鸣器的安装连接，按标识图焊接在相应位置，如图 6.2.13 所示。由锰铜丝做成的分流器垂直于印制板插装，焊锡必须围绕着分流器。两只保险丝座应注意端面方向，有挡板面一侧朝外，如图 6.2.14 所示。

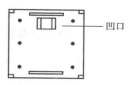

图 6.2.12 按钮开关插焊

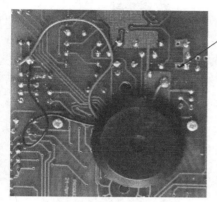

图 6.2.13 蜂鸣器安装与连接

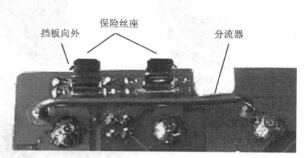

图 6.2.14 安装保险丝座

● 电池夹的安装如图 6.2.15 所示。

3. 量程选择开关装配

① 检查量程选择开关在印制板上位置及与导电胶条连接的位置是否干净，若不干净可用橡皮擦涂处理。

② 开关盖板的安装。带上手套用镊子把 5 片 V 形簧片装入刀盘定位槽内，弹性片的缺口应扣在塑料条内得以固定。其位置为 1、3、12、14、16，如图 6.2.16 所示。注意装 V 形簧片时，要十分小心，不要使其变形、触点氧化，否则将造成接触不良，给整机调试带来困难。

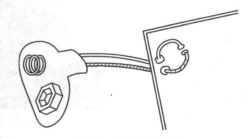

图 6.2.15 安装电池夹

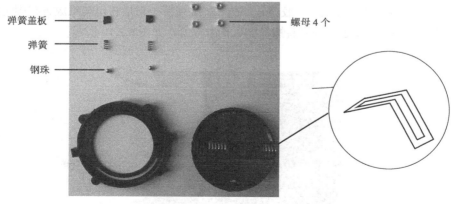

图 6.2.16 安装开关盖板

③ 装定位支架。用 4 颗 ϕ2mm 的螺母压入支架螺母孔内，将配套的两根弹簧与两颗滚珠涂上少许凡士林，用镊子将弹簧水平分别放入定位支架两头的腔内，再将滚珠放入弹簧顶部，盖上腔

盖，如图 6.2.17 所示。将装好 V 形簧片的刀盘压入定位支架内，然后将定位支架及刀盘扣在电路板上（元件面）。将装有弹簧的腔体水平放置，对准定位柱和 4 个螺丝孔，打上 4 颗 $\phi2\times8$ 的平头螺丝。

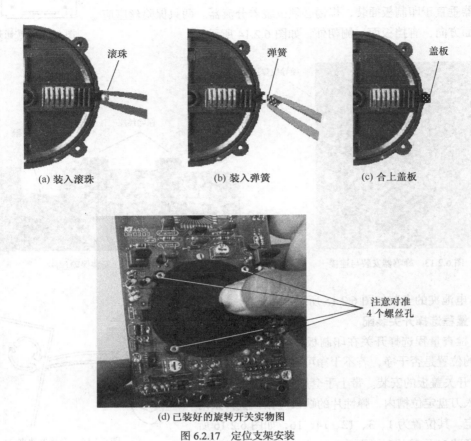

(a) 装入滚珠　　　　　(b) 装入弹簧　　　　　(c) 合上盖板

(d) 已装好的旋转开关实物图

图 6.2.17　定位支架安装

④ 装电缆片与导电胶条。在塑料压条上嵌入两颗 $\phi2mm$ 的螺母，在电路板元件面上端放上导电胶条固定框，在框槽内放入导电胶条，如图 6.2.18 所示。然后将电缆纸放置在固定框上，压上压条，翻转电路板，用 $\phi2\times8$ 的平头螺丝穿入孔中拧紧，如图 6.2.19 所示。

图 6.2.18　导电胶条安装

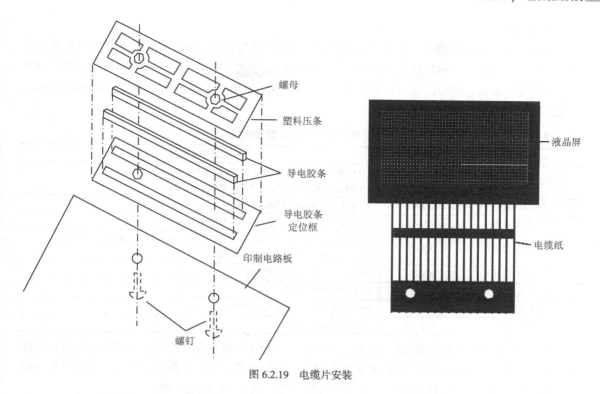

图 6.2.19　电缆片安装

操作分析 2 调试工艺

1. 初始检测

不要将万用表的表笔插在表上，按 POWER 键开机后，旋转量程选择开关至各个挡位，检测各挡初始显示是否正确，显示屏会显示"—"号或"—"号不停地闪动。如果任意一挡显示不正常，应先修理后再调试。正常空载挡位显示如表 6.2.1 所示。

表 6.2.1　　　　　　　　　　　　空载挡位显示

项　目	量　程　选　择					
DCV	200mV 00.0	2V .000	20V 0.00	200V 00.0	1000V 000	
ACV	750V 000	200V 00.0	20V 0.00	2V .000	200mV 00.0	
CAP	2Nf .00	20nF 0.00	200nF 00.0	2μF .000	20μF 0.00	
DCA	2mA .000	20mA 0.00	200mA 00.0	20A 0.00		
ACA	20A 0.00	200mA 00.0	20mA 0.00	2mA .000		
Ω	200Ω 1.	2k 1.	20k 1.	200k 1.	2M 1.	20M 1.
⊸⊳⊢	1.					
HFE	000					

2. 调试

在调试或检修的过程中，往往需要输入定量的电压信号，对它的每项功能和每个量程做定量检验。因此，能配备一台准确度等级指数比被检修的数字式万用表的准确度等级指数小两个等级的繁用电源，那么它就可以作为标准仪表使用。几种常用的国产标准源的主要技术指标如表 6.2.2 所示。

表 6.2.2　　　　　　　　　常用国产标准源的主要技术指标

名　称	型　号	主要技术指标
多功能校准器	5101B	0～1 100 V，DC（±0.01%）；0～1 100 V，AC（±0.05%） 0～20 A，DC（±0.05%）；0～10 MΩ（±0.05%）
直流标准源	YJ87	0～±119.99 V（±0.05%）；0～±119.99 mA（±0.05%）
多功能校准仪	SB868	0～1 000 V（±0.2%）；0～10 A，DC 或 AC
数字三用表校验仪	D030C	0～1 000 V，DC（±0.17%），AC（±0.42%）；0～10 A，DC 或 AC（±0.1%） 0～5 A，DC（±0.17%），AC（±0.42%）
实验室电阻箱	ZX54	0.01Ω～111.111 kΩ（0.01 级）
标准电阻箱	ZX21	0.01～99999.9Ω（0.1 级）
标准高阻箱	ZX73	0～20 MΩ（0.5 级）；20～2000 MΩ（1.0 级）
标准电容箱	RX710	100pF～1μF（0.5 级）

数字式万用表在进行初检后还必须经过调试，才能作为测量仪表使用。为了保证测量的准确度，建议配备一只袖珍式 4 1/2 位数字式万用表，不仅可用于检测元器件，还可以准确检测电路的主要参数。它对 3 1/2 位的数字式万用表而言，就起到了"标准表"的作用。

下面介绍 A/D 转换器、交直流电压和电流、电阻器、二极管、电容器、h_{FE} 的简易调试和测量方法。如果在调试中碰到故障，可参阅数字式万用表故障检测实例。

（1）A/D 转换器的调试

3 1/2 位数字万用表使用转换集成电路 7106（或 7107）组成基本量程为 200mV 的表头，通电后用 4 1/2 位数字式万用表（作为标准表）的 200mV 挡测量 7106 集成块的㉟脚和㊱脚之间的电压，调节 VR1，使读数在 100.05～99.95mV，如图 6.2.20 所示。

（2）直流电压 DCV 测量

准备一台可变直流电源，将电源设置在 DCV 挡的中间值，如套件表量程选择开关置于 2V 量程，则将电源输出电压设置在 1V。套件表开机后，将量程开关旋至 DCV 挡位，在输入插孔 V 及 COM 之间输入可变电源的输出电压，观察液晶屏所显示的数值，比较套件仪表和已知标准表的读数。

如果调试失败：

- 重新检查 A/D 转换器及调试；
- 检查分压电阻的阻值及焊接。

（3）交流电压 ACV 调试

开机后将量程选择开关置于 2V 交流电压量程，在输入插孔 V 及 COM 之间送入 1V 标准交流电压，调整 VR2，使液晶屏显示 1.00（±0.01）。检查其余各交流量挡位并与已知标准表比较读数。

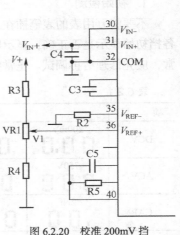

图 6.2.20　校准 200mV 挡

当量程开关置于 200V 及以上交流挡位检测高电压时，要非常小心，以防触电。

（4）电容 CAP 调试

开机后将量程选择开关置于 200nF 电容挡位，将被测电容量为 0.1μF 的电容器插入 C_X 位置（最好选用稳定性好的云母电容），调整 VR3，使液晶屏显示读数与已知标准表数值相符，然后检查其余各量程并与已知标准表比较读数。

（5）直流电流 DCA 测量

开机后，将量程选择开关置于 2mA 电流挡位，如图 6.2.21 所示连接仪表。当 RA=10kΩ 时，电流应该为 1mA，跟已知标准表比较读数。

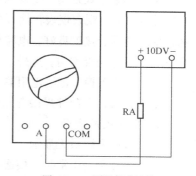

图 6.2.21 测量仪表连接

挡位	RA	电流
2mA	10kΩ	1mA
20mA	1kΩ	10mA
200mA	510Ω	19.6mA

对于大电流（20A）的测量，需用大电流来校准，通过对分流线（即粗锰铜丝）的加锡、剪切方法调试。

（6）电阻器测试

按每个电阻挡的 1/2 值测量电阻，即在电阻 200Ω 挡位测量 100Ω 电阻，在 2kΩ 挡位测量 1kΩ 电阻，依此类推，读出的数值与标准表进行比较。

（7）二极管测试

开机后将量程选择开关置于二极管挡位，测量一个正品硅二极管的正向电压降，读数应为 700mV 左右，反向测量时，液晶显示屏将出现溢出字符。

（8）晶体管 h_{FE} 测试

开机后将量程选择开关置于 h_{FE} 挡位，将小功率晶体管插入相应的 NPN 或 PNP 插座内，与已知标准表比较读数。

3. 整机装配

① 把一只直径为 3mm 的屏蔽弹簧，如图 6.2.22 所示焊在印板上；当机壳装好时，弹簧会与底壳上的金属屏蔽纸连接。

② 将屏蔽塑料纸撕开，然后贴在底壳上，如图 6.2.23 所示。

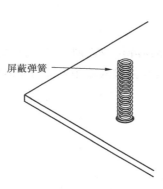

图 6.2.22 屏蔽弹簧安装

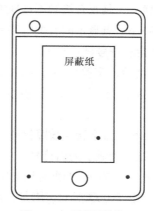

图 6.2.23 屏蔽纸粘贴

③ 将液晶屏整件和印制板安装到位，合上底壳，打上 3 颗 ϕ3×12 的自攻螺丝固定。

④ 全部装配完成后，应对万用表所有功能逐次检查一遍。

操作分析 3　数字式万用表故障检修

组装的数字式万用表出现故障，在元器件完好的情况下，主要存在着安装方面的隐患。因此，在检修仪表时，观察仪表转换开关定位是否正确，h_{FE} 和电容（CAP）测量插座等是否有污垢或异物，保险丝是否接触良好，电路板有否脱焊或短路，元件是否有错装和漏装，液晶显示器是否缺少笔画，颜色是否均匀。此外，还可凭视觉观察电路板上印制导线有无断裂、翘起等现象。

用手小心触摸电池、电阻器、电容器、晶体管、集成电路等器件的温升是否过高，检查选择开关是否灵活，元器件焊接有无松动。此外，还可拨动元器件及引线，同时观察故障有何变化。

1. 显示故障检修

（1）接通电源后无显示

数字式万用表正常时，接通电源开关，液晶显示屏上应有所显示，如显示"1"或"000"字符。具体显示字符随不同挡位而有所不同，但如果接通电源后，显示屏无任何显示，则说明仪表工作已经失常，一般应着重检查以下几个方面。

- 检查 9V 叠层电池是否失效损坏，是否接触不良，电池引线是否有断路，焊点是否有脱落等。
- 检查电源开关是否损坏或接触不良。
- 检查集成电路 ICL7106 与印制板相连的印制导线是否有断裂。
- 液晶显示器背电极是否有接触不良现象。

（2）显示笔画不全

正常时，数字式万用表的显示屏应能显示全笔段字符。若出现所显示的数字缺笔少画现象，应重点检查以下几个方面。

- 重新安装液晶显示屏，保证导电橡胶与电路板接触良好。
- 检查液晶显示屏是否局部损坏。
- A/D 转换器与显示器笔画之间的引线是否断路。
- 检查 A/D 转换器是否损坏。

（3）不显示小数点

- 选择转换开关是否有接触不良现象。
- 检查控制小数点显示的有关电路是否损坏。

（4）低电压指示符号显示不正常

当换上新电池后，字符仍不显示，或在旧电池电压降至 7V 时，低压指示仍不显示。此类故障大多数是由控制低压指示符号的电路损坏，或是与其输入端相连接的晶体管损坏等原因引起的。

2. 直流电压和直流电流挡故障检修

（1）开机后电压挡显示溢出符号"1"

- 测量集成电路 7106 ①脚对地电压低于 2.8V。
- 测量基准电 7106 ㊱脚对 ㉟脚是否高于 100mV。
- 测量 7106 ㉛脚同外围元件是否断开。

（2）直流电压失效

● 检查选择开关是否接触不良。

● 检查直流电压输入回路 7106N+ 所串联的电阻器是否虚焊呈开路状态。

（3）直流电流挡失效

● 检查表内保险丝是否烧断。

● 检查限幅二极管是否击穿短路。

● 检查选择开关是否接触不良。

3. 交流电压挡故障检修

（1）交流电压挡失效

● 检查选择开关是否接触良好。

● 检查交流电压测量电路是否错装和焊接质量。

● 检查交流电压测量电路的集成运放、输出滤波电容器等元器件的好坏。

（2）交流电压测量显示值跳字无法读数

● 检查选择开关后盖板屏蔽层的接地（COM 端）引线是否断线。

● 检查整流输出端的滤波电容是否脱焊或容量消失。

4. 电阻挡故障检修

● 检查热敏电阻器是否开路失效。

● 检查标准串联电阻器是否开路失效。

● 检查与基准电压输出串联的电阻器是否开路或脱焊。

5. 二极管挡及蜂鸣器挡检修

（1）二极管挡失效

● 检查保护电路中的二极管及电阻器是否损坏。

● 检查热敏电阻器是否损坏。

● 检查分压电阻器是否接触不良。

● 检查选择开关是否接触不良。

（2）两表笔短接时蜂鸣器无声

● 检查压电蜂鸣片是否损坏，与电路板连接是否良好。

● 检查蜂鸣器振荡电路与相关电路。

● 检查选择开关是否接触不良。

➤ 训练评价

1. 实训目标

在老师指导下，使学生通过组装、调试，对数字式万用表的组成、结构和工艺，以及发展趋势都有一个清晰的认识；培养学生的动手能力和双面印制电路板的插装、焊接技能，以及调试工艺和维修知识；通过组装万用表，使之成为学生手中的测量工具，更加激发学生的求知欲望。

2. 器材与工具

（1）3 1/2 位数字式万用表套件。

（2）常用装接工具，4 1/2 位数字式万用表，低压可调标准交流稳压源，可调直流标准稳压电源。

（3）调试测量用元器件：二极管、晶体管，不同阻值的电阻器，不同容量的电容器若干。

3. 训练步骤与工艺要求

（1）按配套明细表清点元器件。

（2）元器件检测。

（3）按印制板装配图完成元器件成形插焊。

（4）检查印制板插件和焊接质量。

（5）零部件安装。

（6）调试。

（7）整机功能检查。

4. 技能评价

将技能评价填入表 6.2.3 中。

表 6.2.3 数字式万用表装配技能评价表

班　级		学　号		姓　名		成　绩	
时　间		实际时间：		自　　时　　分起至　　时　　分			
项　目	工 艺 要 求		配分比例	评 分 标 准			扣分
元器件成形	1. 正确使用常用工量具式 2. 按元件工艺表对元器件引线成形		10分	1. 元器件成形不符合要求，扣1~6分 2. 损坏元器件，每只扣4分			
整机装焊	1. 元器件插装的高度尺寸、标志方向符合规定工艺要求 2. 无错装、漏装现象 3. 焊接点大小均匀、有光泽，无毛刺，无假焊和搭焊现象 4. 印制导线不能断裂，焊盘不能翘起 5. 严格遵守本专业操作规程，符合安全文明生产要求		28分	1. 元器件标志方向，插装高度尺寸不符合要求，扣1~5分 2. 排插不整齐，扣1~5分 3. 虚焊、漏焊、桥焊，每点扣5分 4. 印制导线和焊盘翘起、脱落，每处扣3~5分 5. 错装、漏装，每只扣5分 6. 违反本专业操作规程，扣5~10分			
零部件装配	1. 机械和电气连接正确 2. 零部件装配完整，不能错装和缺装 3. 紧固件规格、型号选用正确 4. 不损伤导线、塑料件和外壳		28分	1. 机械和电气连接错误，扣2~5分 2. 零部件错装和缺装，每处扣5分 3. 损伤导线、塑料件、外壳，每处扣3~6分			
整机检测	1. 液晶字符显示完整 2. 直流电压调至 1.00V（±0.01） 3. 交流电压调至 1.00V（±0.01） 4. 被测电容调至 0.1μF		34分	1. 缺笔画，扣2~5分 2. 每项指标不符合要求，扣5~10分 3. 测量错误，扣3~6分			
指导老师签名							

项目小结

通过收录机和数字万用表的组装实例，较详细地介绍了两种产品总装的工艺流程。要顺利完成整机总装必须熟练掌握各种工艺要求和操作技能。一件合格的产品要经过很多工序才能制造出来，因此要严格遵守工艺指导卡的规定。要明确安装工艺的原则和方法，正确装配，通过努力保证整机初调初检合格。

思考与练习

一、判断题（对写"√"，错写"×"）

1. 磁带式收录机是一种机电一体化的电子产品。　　　　　　　（　　）

2. 收录机中的收音、放音和录音都要通过开关转换。　　　　　（　　）

3. 完成插焊的电路板，通常用观察法检验后，方可进行总装。　（　　）

4. 用数字式万用表测量出晶体管的 h_{FE} 值，只能作为一个参考。（　　）

5. 工艺图是生产者进行具体加工、制作的依据。　　　　　　　（　　）

二、简答题

1. 简述收录机磁带放音过程。

2. 收录机通常调试哪些项目？

3. 简述数字万用表的装配工序。

4. 简述磁带收录机的装配工序。

5. 在合理选择元器件方面你有哪些收获？

6. 在安装制作过程中团队合作有何重要性？如何利用团队合作完成任务？

7. 在组装产品、调试方法、故障分析上你有哪些心得体会？写出总结报告。

附录 A

电原理图

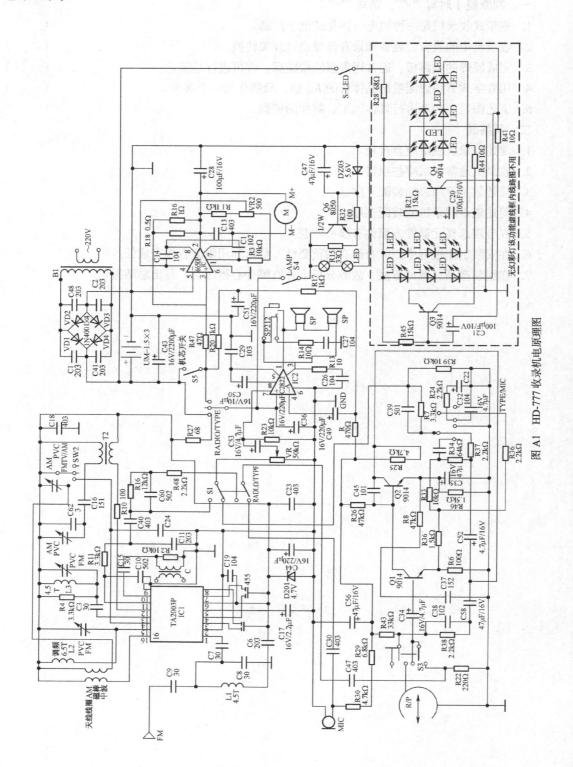

图 A1 HD-777 收录机电原理图

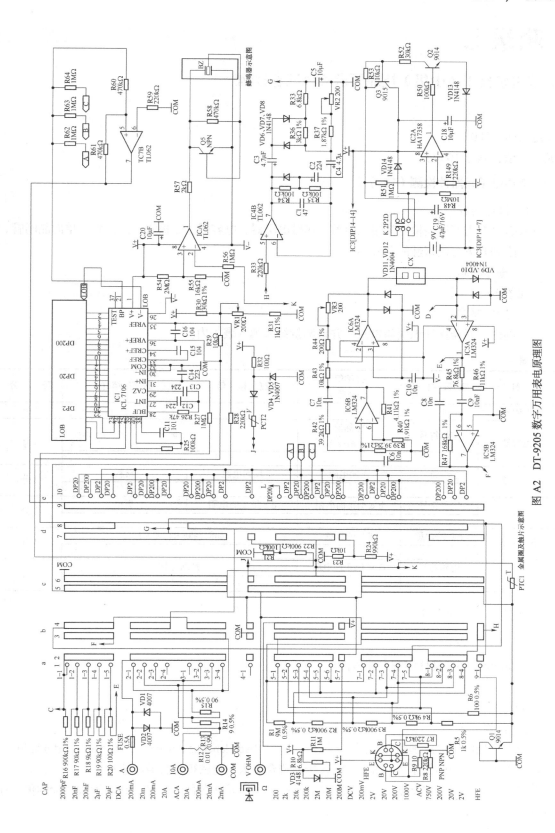

图 A2 DT-9205 数字万用表电原理图

附录 B

无线电装接工（中级）技能要求考核试卷样例

鉴定时间：280 分钟

成　　绩：满分 100 分

一、常用电子元器件检测（15 分）

1. 操作内容

根据要求用万用表检测常用电阻器、热敏电阻器、电容器、二极管、晶体管、单向晶闸管、光敏电阻和光电二极管性能和好坏。

2. 操作时间

20 分钟。

3. 操作要求

准确进行元器件的识别与检测，并将测量结果填入表 1 内。

表 1

元　器　件	字母符号	标称值（含误差）	测　量　值	测量挡位	配　分
电阻器					2 分
电容器	字母符号	标称值（含耐压）	介质		2 分
二极管	字母符号	正向电阻	反向电阻	材料	2 分
三极管	字母符号	b-e 结正向电阻	b-c 结反向电阻	类型	2 分
热敏电阻	RT_+的含意	RT_-的含意	如何判断 RT_+ 和 RT_-		4 分
单向晶闸管	电路符号	G-K 结正向电阻	判断好坏		3 分

二、PCB 设计（25 分）

1. 操作内容

用 Protel 99SE 设计印制电路板图。

2. 操作时间

60 分钟。

3. 操作要求

（1）根据给定电原理图（见图 1）设计，库：Miscellaneous devices.ddb,Sim.ddb（diode.lib）。

（2）电原理路图位于 A4 图纸中间，排列符合要求，疏密得当且兼顾美观。

（3）正确连接（包括节点），正确编辑元件（包括元件名称、标号、封装形式、标称值、序号等）。

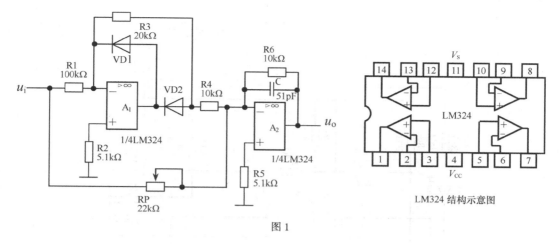

图 1

（4）正确生成网络表。

（5）印制电路板图应在规定尺寸范围内设计且布局合理，排列疏密得当，印制导线粗细适当。印制板尺寸不大于 2 000mil×3 000mil，印制电路板图名为 yzb.pcb。

（6）电路图元件属性列表（99SE 用户）如下。

元件名 （Lib Ref）	元件标号 （Designator）	元件标注 （Part Type）	元件封装 （Footprint）	备　　注
电阻器 RES2	R1～R6		AXIAL0.4	
电位器 POT2	RP	22kΩ	VR4	
电容器 CAP	C	51pF	RADO.2	
二极管 DIODE	VD1、VD2	1N400	DIODE0.4	
运放 LM324	IC		DIP14	

原理图元件库：Miscellaneous Devices.ddb

元件封装库：Advpcb.ddb

三、电子产品整机装配（40 分）

1. 操作内容

按图 2 所示的电话机原理图和图 3 所示的电话机印制电路板装配图完成 HA 型电话机的组装。

2. 操作时间

180 分钟。

3. 操作要求

（1）元器件成形

● 正确使用常用工量具。

● 按元器件工艺对元器件引线成形。

（2）印制电路板元器件手工插装与焊接

● 元器件插装其高度尺寸、标志方向符合规定工艺要求，排插要整齐。

● 元器件无错装、漏装现象。

● 焊接点大小均匀，有光泽，无毛刺、针孔、气泡、溅锡、桥连，无假焊、搭焊现象。

● 不能损伤印制导线和焊盘。

● 严格遵守本工种操作规程，符合安全文明生产要求。

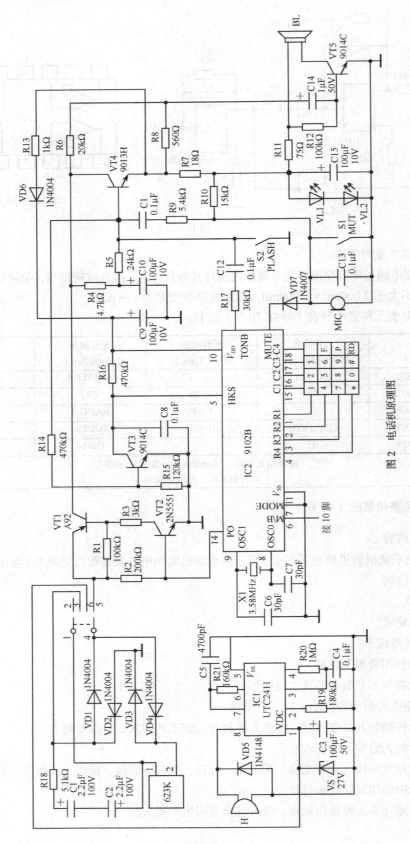

图 2　电话机原理图

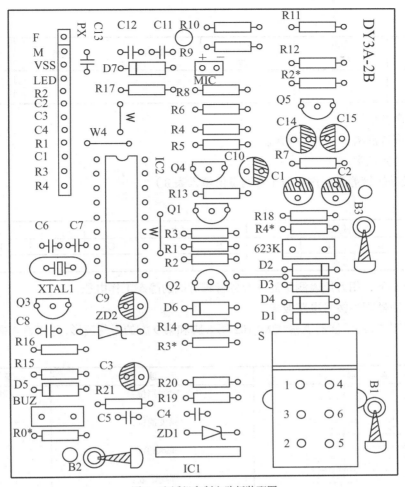

图 3　电话机印制电路板装配图

（3）零部件装连
- 导线长度、颜色、线径选用正确。
- 接线插头与插座要牢固，导线不松脱，焊点可靠。
- 零部件装配完整，不能错装和缺装。
- 紧固件规格、型号选用正确。
- 不损伤导线、塑料件和外壳。

四、功能检测（20 分）

1. 操作内容

电路功能和参数测量。

2. 操作时间

20 分钟。

3. 操作要求

（1）基本功能检测（将测量结果填入表 2）
- 来电接收、去电发送信号正确。

表 2

检测项目	来电接收	去电发送	对讲	振铃	重拨
检测结果					

- 振铃声音悦耳。
- 对讲声音清晰、基本无噪声。
- 重拨功能正常。

（2）测量晶体管静态工作电压（将测量值填入表 3）

表 3

测量项目	（VT1）			（VT2）			（VT3）		
	E	B	C	E	B	C	E	B	C
电压值（V）									

在摘机状态下，用万用表测量晶体管各管脚对地的静态工作电压。

（3）用示波器观察拨号电路波形

在拨号过程中，用示波器观察 HM9102 第 8 脚和第 9 脚的振荡波形，并在表 4 中画出波形图。

表 4

波　形	示　波　器	毫　伏　表
	时间挡位： 幅度挡位： 峰峰值： 周期读数：	测量值：

参考文献

[1] 张爱民，刘燕军. 怎样选用电子元器件. 北京：中国电力出版社，2005.

[2] 孟贵华. 电子技术工艺基础. 北京：电子工业出版社，2005.

[3] 杨承毅. 电子技能实训基础——电子元器件的识别和检测. 北京：人民邮电出版社，2005.

[4] 黄永定. 电子实验综合实训教程. 北京：机械工业出版社，2004.

[5] 毕满清. 电子工艺实习教程. 北京：国防工业出版社，2003.

[6] 任致程. 万用表测试电工电子元器件 300 例. 北京：机械工业出版社，2003.

[7] 王天曦，李鸿儒. 电子技术工艺基础. 北京：清华大学出版社，2000.

[8] 任致程. 青少年及业余爱好者电子制作手册. 北京：科技文献出版社，1993.

[9] 邓海青. 电子产品生产工艺. 北京：高等教育出版社，1993.

[10] 赵克勤. 常用电声器件原理与应用. 北京：人民邮电出版社，1990.

[11] 《无线电》编辑部. 电子爱好者实用资料图表集. 北京：人民邮电出版社，1997.

参考文献